职业教育数字媒体应用人才培养系列教材

3ds Max

全彩慕课版

核心应用案例教程 3ds Max 2020

朱晓莉 张耀 主编／崔钰珂 韦芳萍 陈建伟 副主编

U0390223

人民邮电出版社

北京

图书在版编目（CIP）数据

3ds Max核心应用案例教程：全彩慕课版：3ds Max 2020 / 朱晓莉，张耀主编. -- 北京 ：人民邮电出版社，2024.8

职业教育数字媒体应用人才培养系列教材

ISBN 978-7-115-63779-6

Ⅰ. ①3… Ⅱ. ①朱… ②张… Ⅲ. ①三维动画软件—职业教育—教材 Ⅳ. ①TP391.414

中国国家版本馆CIP数据核字(2024)第038317号

内 容 提 要

本书全面、系统地介绍 3ds Max 的相关知识和操作技巧，包括初识 3ds Max、3ds Max 基础知识、创建基本几何体、创建二维图形、创建三维模型、创建复合对象、创建高级模型、设置材质和纹理贴图、应用灯光和摄影机、渲染、动画制作、综合设计实训等内容。

本书以课堂案例为主线，通过案例操作，学生可以快速熟悉软件功能。软件功能解析部分能够帮助学生深入学习软件操作技巧；课堂练习和课后习题部分可以帮助学生提高实际应用能力。综合设计实训设有 6 个商业设计项目，旨在帮助学生拓宽设计思路，顺利达到实战水平。

本书可作为高等职业院校数字媒体类专业 3ds Max 课程的教材，也可作为 3ds Max 自学人员的参考书。

◆ 主　　编　朱晓莉　张　耀

副 主 编　崔钰珂　韦芳萍　陈建伟

责任编辑　王亚娜

责任印制　王　郁　焦志炜

◆ 人民邮电出版社出版发行　北京市丰台区成寿寺路 11 号

邮编　100164　电子邮件　315@ptpress.com.cn

网址　https://www.ptpress.com.cn

鸿博睿特（天津）印刷科技有限公司印刷

◆ 开本：787×1092　1/16

印张：14.5　　　　　　　　2024 年 8 月第 1 版

字数：382 千字　　　　　　2024 年 8 月天津第 1 次印刷

定价：79.80 元

读者服务热线：(010)81055256　印装质量热线：(010)81055316

反盗版热线：(010)81055315

广告经营许可证：京东市监广登字 20170147 号

前 言

本书全面贯彻党的二十大精神，以社会主义核心价值观为引领，传承中华优秀传统文化，坚定文化自信。为使本书内容更好地体现时代性、把握规律性、富于创造性，编者对本书进行了精心的设计。

如何使用本书

第1步 学习软件基础知识，快速上手 3ds Max。

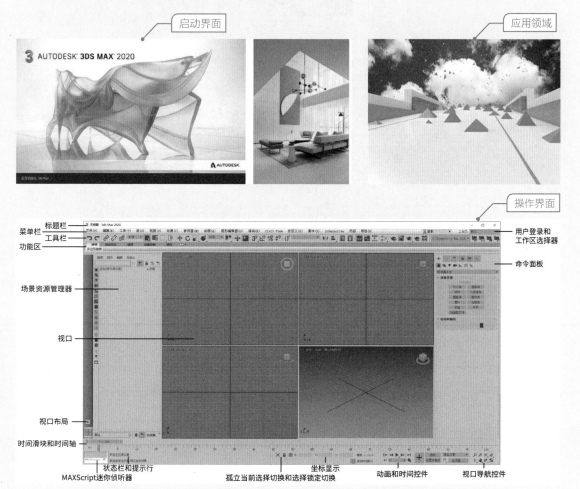

启动界面

应用领域

操作界面

标题栏

菜单栏

工具栏

功能区

用户登录和工作区选择器

命令面板

场景资源管理器

视口

视口布局

时间滑块和时间轴

状态栏和提示行

MAXScript迷你侦听器

孤立当前选择切换和选择锁定切换

坐标显示

动画和时间控件

视口导航控件

第2步 课堂案例 + 软件功能解析，边做边学软件功能，熟悉制作流程。

3.1.4 课堂案例——制作几何壁灯模型

【案例学习目标】学习如何创建并编辑管状体和圆柱体。

了解学习目标和知识要点

【案例知识要点】使用"管状体"和"圆柱体"工具，结合使用"移动"工具来完成几何壁灯模型的制作，效果如图 3-18 所示。

【素材文件位置】云盘 / 贴图。

【模型文件所在位置】云盘 / 场景 /Ch03/ 几何壁灯模型 .max。

【参考模型文件所在位置】云盘 / 场景 /Ch03/ 几何壁灯 .max。

精选典型商业案例

制作几何壁灯模型

图 3-18

（1）单击"➕（创建）> ⬤（几何体）> 标准基本体 > 管状体"按钮，在"顶"视图中创建管状体，在"参数"卷展栏中设置"半径 1"为 480mm、"半径 2"为 600mm、"高度"为 100mm、"高度分段"为 1、"边数"为 80，如图 3-19 所示。

（2）切换到 ☑（修改）命令面板，在"修改器列表"中选择"编辑多边形"修改器，将选择集定义为"边"，在"前"视图中选中图 3-20 所示的两条边。

（3）在"选择"卷展栏中单击"循环"按钮，选择图 3-21 所示的两圈边。

（4）在"编辑边"卷展栏中单击"切角"后的 ▣（设置）按钮，在弹出的助手小盒中设置切角量和边数，如图 3-22 所示。

（5）单击"➕（创建）> ⬤（几何体）> 标准基本体 > 圆柱体"按钮，在"顶"视图中创建圆柱体，在"参数"卷展栏中设置"半径"为 40mm、"高度"为 300mm、"高度分段"为 1、"边数"为 30，如图 3-23 所示。

（6）单击"➕（创建）> ⬤（几何体）> 标准基本体 > 球体"按钮，在"顶"视图中创建球体，设置参数，如图 3-24 所示。

3.1.5 圆柱体

"圆柱体"按钮用于制作棱柱体、圆柱体和局部圆柱体。下面介绍圆柱体的创建方法及其参数。

完成课堂案例后，深入学习软件功能和特色

1. 创建圆柱体

圆柱体的创建方法与长方体的创建方法基本相同，具体操作步骤如下。

（1）单击"➕（创建）> ⬤（几何体）> 标准基本体 > 圆柱体"按钮。

（2）将鼠标指针移到视图中，按住鼠标左键进行拖曳，视图中出现一个圆形平面。在适当的位置松开鼠标左键并上下移动鼠标指针，圆柱体高度会随鼠标指针的移动而变化，在适当的位置单击，圆柱体创建完成，如图 3-27 所示。

2. 圆柱体的参数

单击圆柱体将其选中，然后单击 ☑（修改）按钮，"修改"命令面板中会显示圆柱体的参数，如图 3-28 所示。

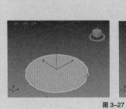

图 3-27　　　　　　　　　　　　　　图 3-28

前 言

第3步 课堂练习 + 课后习题，拓展应用能力。

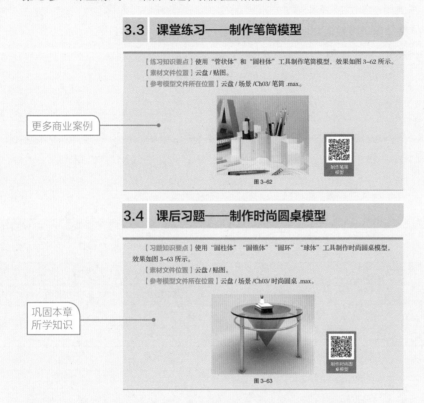

3.3　课堂练习——制作笔筒模型

【练习知识要点】使用"管状体"和"圆柱体"工具制作笔筒模型，效果如图 3-62 所示。
【素材文件位置】云盘 / 贴图。
【参考模型文件所在位置】云盘 / 场景 /Ch03/ 笔筒 .max。

更多商业案例

图 3-62

3.4　课后习题——制作时尚圆桌模型

【习题知识要点】使用"圆柱体""圆锥体""圆环""球体"工具制作时尚圆桌模型，效果如图 3-63 所示。
【素材文件位置】云盘 / 贴图。
【参考模型文件所在位置】云盘 / 场景 /Ch03/ 时尚圆桌 .max。

巩固本章
所学知识

图 3-63

第4步 循序渐进，演练真实商业设计项目，拓宽设计思路。

平铺地砖效果图　　会议室效果图　　书房效果图

房子漫游动画　　客餐厅效果图　　亭子模型

3ds Max

配套资源

- 所有案例的素材文件及最终效果文件。
- 全书 12 章 PPT 课件。
- 教学大纲。
- 配套教案。

读者可登录人邮教育社区（www.ryjiaoyu.com）搜索本书，在相关页面中免费下载配套资源。

登录人邮学院网站（www.rymooc.com）或扫描本书封底的二维码，使用手机号码完成注册，在首页右上角单击"学习卡"选项，输入封底刮刮卡中的激活码，即可在线学习本书慕课。

教学指导

本书的参考学时为 64 学时，讲授环节、实训环节均为 32 学时。各章的参考学时参见下面的学时分配表。

章	内 容	学时分配 / 学时	
		讲授	实训
第 1 章	初识 3ds Max	2	—
第 2 章	3ds Max 基础知识	2	2
第 3 章	创建基本几何体	2	2
第 4 章	创建二维图形	2	2
第 5 章	创建三维模型	4	2
第 6 章	创建复合对象	4	4
第 7 章	创建高级模型	4	4
第 8 章	设置材质和纹理贴图	2	4
第 9 章	应用灯光和摄影机	2	2
第 10 章	渲染	2	2
第 11 章	动画制作	4	4
第 12 章	综合设计实训	2	4
学时总计		32	32

由于编者水平有限，书中难免存在不足之处，敬请广大读者批评指正。

编者
2024 年 2 月

目 录

  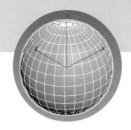 

—01—

—02—

3ds Max

目 录

—05—

—06—

3ds Max

—08—

第 8 章 设置材质和纹理

目 录

3ds Max

目 录

扩展知识扫码阅读

设计基础

✔ 认识形体　　✔ 透视原理

✔ 认识设计　　✔ 认识构成

✔ 形式美法则　　✔ 点线面

✔ 基本型与骨骼　　✔ 认识色彩

✔ 认识图案　　✔ 图形创意

✔ 版式设计　　✔ 字体设计

>>>

>>>

>>>

设计应用

✔ 创意绘画　　✔ 图标设计

✔ 装饰设计　　✔ VI设计

✔ UI设计　　✔ UI动效设计

✔ 标志设计　　✔ 包装设计

✔ 广告设计　　✔ 文创设计

✔ 网页设计　　✔ H5页面设计

✔ 电商设计　　✔ MG动画设计

✔ 网店美工设计　　✔ 新媒体美工设计

01

第1章

初识 3ds Max

▶ 本章介绍

  在学习 3ds Max 的操作之前，读者需要先了解 3ds Max。本章包含 3ds Max 概述、3ds Max 的历史和 3ds Max 的应用领域等内容。只有先了解 3ds Max 的功能和特色，才能为后续深入学习打下基础。

知识目标

- 简单了解 3ds Max
- 了解 3ds Max 的历史
- 熟悉 3ds Max 的应用领域

第 1 章简介

能力目标

- 能够自行对 3ds Max 的应用进行检索

素养目标

- 提高学生的自学能力
- 提高学生的信息获取能力

1.1 3ds Max 概述

3ds Max 是由 Autodesk 公司开发的三维计算机图形软件。它功能强大，应用广泛，深受三维设计人员的喜爱。3ds Max 的主要功能包括建模、材质编辑、动画制作、渲染等，支持多种格式文件的导入和导出。

在 3ds Max 中，用户可以通过多种方式进行建模，包括布尔运算建模、放样建模、多边形建模、网格建模、NURBS 建模和面片建模等。对于材质编辑，3ds Max 提供了广泛且灵活的材质库和纹理生成工具，用户使用它们可创建出多种逼真的效果。在动画制作方面，3ds Max 支持多种技术，用户可以轻松制作出炫酷的动画效果。在渲染方面，3ds Max 提供了高质量的渲染引擎，能够将模型和场景呈现为逼真的图像或动画。

1.2 3ds Max 的历史

1990 年，Autodesk 公司成立多媒体部，推出了第一个动画工作——3D Studio 软件。DOS 版本的 3D Studio 诞生在 20 世纪 80 年代末，但 3D Studio 从 DOS 向 Windows 的移植十分困难。直至 1996 年 4 月，3D Studio Max 1.0 诞生了，这是 3D Studio 系列的第一个 Windows 版本。之后陆续推出了 R3、4、5 等版本，直到版本 9。随后推出的是 2008、2009、2010 版本，几乎每年出一个版本。

1.3 3ds Max 的应用领域

3ds Max 因其出色的三维动画制作功能被广泛应用于室内设计、节目包装、影视特效、工业设计、建筑可视化、生物化学、医疗卫生、军事科技等领域。

1.3.1 室内设计

室内设计包括居住建筑室内设计、公共建筑室内设计、工业建筑室内设计及农业建筑室内设计。随着人们对居住建筑环境、公共建筑环境、工业建筑环境和农业建筑环境要求的提高，室内设计也朝着更好地为大众服务的方向发展，如图 1-1 所示。

图 1-1

1.3.2 节目包装

突出品牌理念已经成为电视节目制作中非常重要的目标，而电视节目片头包装是突出电视节目品牌形象的有效手段。3ds Max 凭借自身强大的三维动画制作功能，在制作金属、玻璃、文字、光线、粒子等电视节目片头常用效果方面表现出色，如图 1-2 所示。

图 1-2

1.3.3 影视特效

随着数字特效技术在电影中的运用越来越广泛，三维动画制作在影视特效领域得到了大量应用和极大发展。许多影视制作公司在制作影视特效时都会运用到三维动画制作，如图 1-3 所示。

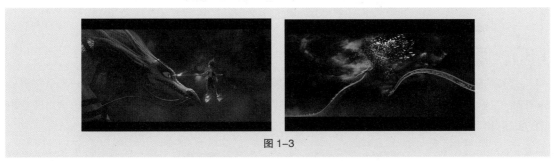

图 1-3

1.3.4 工业设计

随着社会的发展、各种生活需求的扩大，以及人们对产品精密度的要求的提高，一些设计公司开始运用三维动画制作技术进行工艺设计，并且取得了优异的成绩，如图 1-4 所示。

图 1-4

1.3.5 建筑可视化

建筑可视化指借助数字图像技术，将建筑设计理念通过逼真的视觉效果呈现出来。其呈现方式包括室内效果图、建筑表现图及建筑动画。设计人员运用三维动画制作技术可以轻松地完成这些具有挑战性的效果设计，如图 1-5 所示。

图 1-5

1.3.6 生物化学

生物化学领域较早地引入了三维动画技术，以研究生物分子之间的结构组成。此外，在遗传工程中利用三维动画制作技术对 DNA 分子进行结构重组，模拟产生新的化合物的过程，给研究工作带来了极大的帮助，如图 1-6 所示。

图 1-6

1.3.7 医疗卫生

三维动画可以形象地演示人体内部组织的细微结构和变化，给学术交流和教学演示提供了极大的便利。三维动画还可以将细微的手术细节放大到屏幕上，便于医护人员观察和学习，这对医疗事业的发展具有重大的意义，如图 1-7 所示。

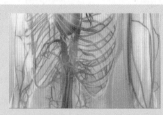
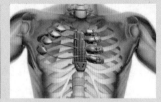

图 1-7

1.3.8 军事科技

三维动画不但可以使飞行训练更加安全，还可以用于导弹弹道的动态研究、爆炸后的爆炸强度分析及碎片运动轨迹研究等。此外，用户可以通过三维动画来模拟战场环境，进行军事部署和演习，如图 1-8 所示。

图 1-8

第2章

3ds Max 基础知识

02

▶ 本章介绍

　　本章主要介绍 3ds Max 的基础知识，包括操作界面、坐标系统、基本操作、常用工具的使用等。通过本章的学习，读者可以初步认识这款三维创作工具。

知识目标

- 熟悉 3ds Max 的操作界面
- 熟悉 3ds Max 的坐标系统

第 2 章简介

能力目标

- 掌握对象的选择方式
- 掌握对象的群组
- 掌握物体的变换和复制方法
- 熟悉捕捉工具和对齐工具的使用方法
- 掌握撤销和重做命令的使用方法
- 掌握物体的轴心控制方法

素养目标

- 提高学生的计算机操作水平
- 培养学生夯实基础的学习习惯

2.1 操作界面

认识 3ds Max 的操作界面，并熟悉各控制区的用途和使用方法，才能在建模过程中得心应手地使用各种工具和命令，从而节省大量的工作时间。下面就对 3ds Max 的操作界面进行介绍。

3ds Max 的操作界面主要由图 2-1 所示的几个区域组成，下面介绍重点区域的功能。

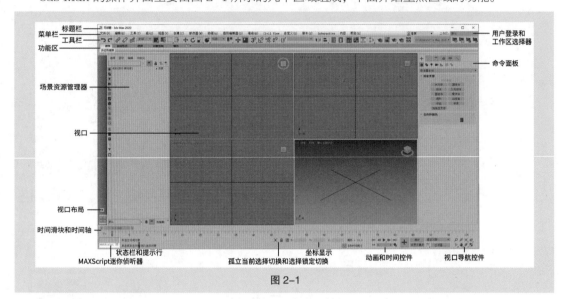

图 2-1

● 标题栏：位于 3ds Max 操作界面的顶部，显示软件图标、场景文件名称和软件版本；右侧的 3 个按钮用于将操作界面最小化、最大化和关闭。

● 菜单栏：位于标题栏下面，每个菜单的名称表明该菜单中命令的用途。单击菜单名，会弹出相应的命令。

● 工具栏：用于快速访问 3ds Max 中常见的工具和对话框。

● 功能区：采用工具栏形式，它可以按照水平或垂直方向停靠，也可以按照垂直方向浮动。

可以通过单击工具栏中的 ▦（显示功能区）按钮隐藏和显示功能区，模型的功能区以最小化的方式显示在工具栏的下方。通过单击功能区中的 ⬛▾ 按钮，可以选择"最小化为选项卡""最小化为面板标题""最小化为面板按钮""循环浏览所有项"4 种方式中的一种显示功能区，图 2-2 所示为"最小化为面板标题"显示方式的效果。

图 2-2

● 视图：在 3ds Max 中，视图显示区位于操作界面的中间。通过视图，可以从不同的角度来观看所建立的模型和场景。在默认状态下，系统显示"顶"视图、"前"视图、"左"视图和"透视"视图 4 个视图。其中，"顶"视图、"前"视图和"左"视图相当于物体在相应方向的平面投影，或沿 x、y、z 轴所看到的场景，而"透视"视图则是从某个角度所看到的场景。因此，"顶"视图、"前"

视图和“左”视图被称为正交视图。在正交视图中，系统仅显示物体的平面投影，而在“透视”视图中，系统不仅显示物体的立体形状，还显示物体的颜色。所以，正交视图通常用于物体的创建和编辑，而“透视”视图则用于观察效果。

用户可以选择默认配置之外的布局。要选择不同的布局，可单击或右击常规视口标签（[+]），然后从常规视口标签菜单中选择“配置视口”命令，如图 2–3 所示。在“视口配置”对话框的“布局”选项卡中选择其他布局，如图 2–4 所示。

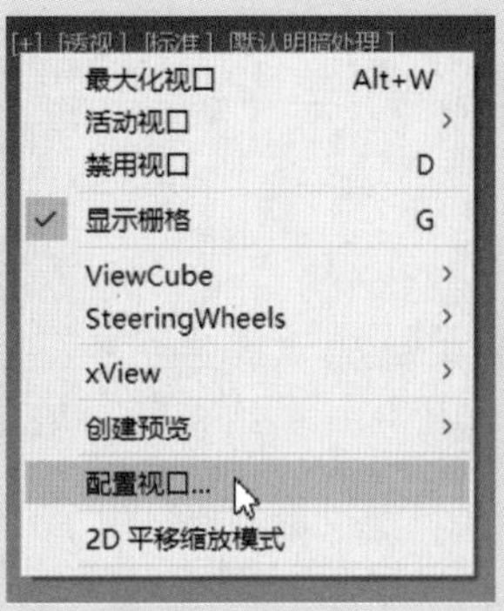

图 2–3

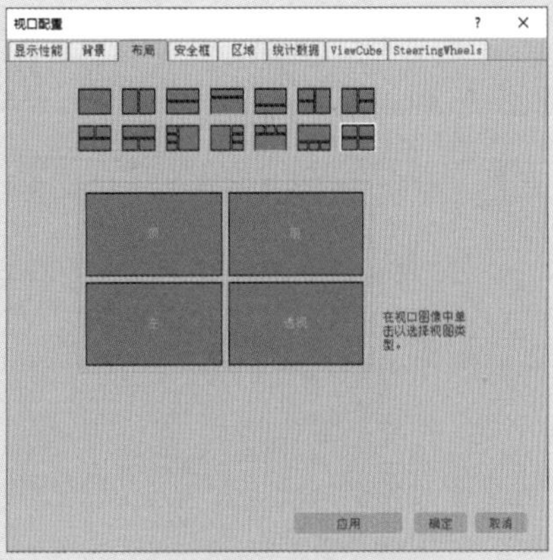

图 2–4

● 状态栏和提示行：位于操作界面下部偏左的位置，状态栏显示所选对象的数目、对象的锁定状态、当前鼠标指针的位置及当前使用的栅格距等。提示行显示当前使用工具的提示文字。

● （孤立当前选择切换）：“孤立当前选择”功能可防止在处理单个选定对象时选择其他对象。利用此项功能，可以专注于需要看到的对象，不会被周围的环境分散注意力，同时也可以减少由于在视口中显示其他对象而造成的性能开销。

● （选择锁定切换）：使用“选择锁定切换”按钮可启用或禁用选择锁定。锁定选择可防止在复杂场景中意外选择其他内容。

● 坐标显示：显示鼠标指针的位置或变换的状态，并且可以输入新的变换值。变换（变换工具包括移动工具、旋转工具和缩放工具）对象的一种方法是直接通过键盘在“坐标显示”字段中输入坐标，可以在“绝对”或“偏移”模式下进行此操作。

● 动画和时间控件：位于操作界面的下方，主要用于制作动画时进行动画的记录、动画帧的选择、动画的播放以及动画时间的控制等。

● 视口导航控件：位于操作界面的右下方，根据当前激活视图的类型，视图调节工具会略有不同。当选择一个视图调节工具时，该按钮呈黄色显示，表示对当前激活视图来说该按钮是已被激活的，在激活视图中右击可取消激活该按钮。

● 命令面板：3ds Max 的核心部分，默认状态下位于操作界面的右侧。命令面板由 6 个面板组成。使用这些面板可以访问 3ds Max 的大多数建模功能，以及一些动画功能。只有一个面板可见，默认状态下打开的是（创建）面板。

要显示其他面板，只需单击命令面板顶部的选项卡即可，如图 2–5 所示，从左至右依次为（创建）、（修改）、（层次）、（运动）、（显示）和（实用程序）。

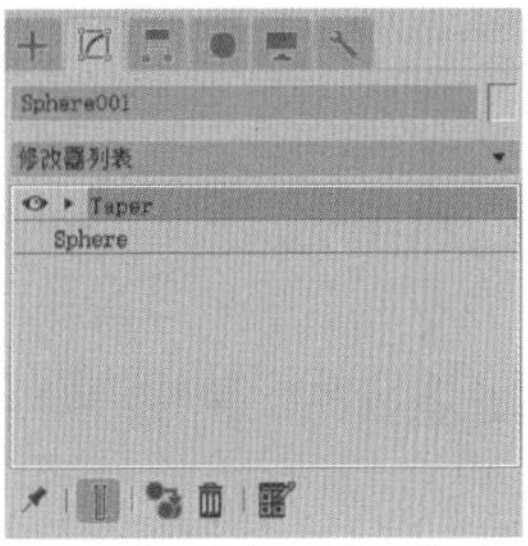

图 2–5

2.2 坐标系统

参考坐标系列表，可以指定变换（移动、旋转和缩放）时所用的坐标系。其包括"视图""屏幕""世界""父对象""局部""万向""栅格""工作""局部对齐""拾取"等选项，如图 2-6 所示。

视图：在该坐标系下移动对象时，会相对于视口空间移动对象。"视图"坐标系下的 4 个视图如图 2-7 所示。x 轴始终朝右，y 轴始终朝上，z 轴始终垂直于屏幕指向用户。

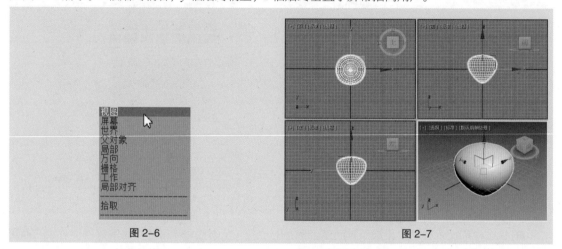

图 2-6   图 2-7

屏幕：将活动视口屏幕用作坐标系，图 2-8 和图 2-9 所示分别为激活旋转视图后的"透视"视图和"顶"视图的坐标效果。该模式下的坐标系始终相对于观察点。x 轴方向为水平方向，正向朝右；y 轴方向为垂直方向，正向朝上；z 轴方向为深度方向，正向指向用户。

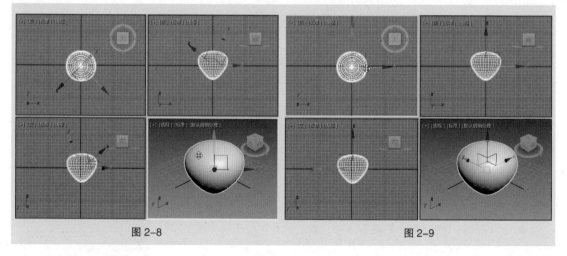

图 2-8   图 2-9

世界：使用"世界"坐标系时，效果如图 2-10 所示。从正面看：x 轴正向朝右，y 轴正向指向背离用户的方向，z 轴正向朝上。

父对象：使用选定对象的父对象的坐标系。如果对象未链接至特定对象，则其为"世界"坐标系的子对象，其"父对象"坐标系与"世界"坐标系相同。

局部：使用选定对象的坐标系。使用"层次"命令面板中的选项，可以相对于对象调整"局部"坐标系的位置和方向。

万向："万向"坐标系与 Euler XYZ 旋转控制器一同使用。它与"局部"坐标系类似，但其 3 个旋转轴之间不一定互成直角。使用"局部"和"父对象"坐标系围绕一个轴旋转时，会更改两个或 3 个"Euler XYZ"轨迹。"万向"坐标系可避免这个问题，围绕一个轴的"Euler XYZ"旋转仅更改该轴的轨迹，这使得功能曲线的编辑更为便捷。此外，利用"万向"坐标系的绝对变换输入会将相同的 Euler 角度值用作动画轨迹（按照坐标系要求，与相对于"世界"或"父对象"坐标系的 Euler 角度相对应）。

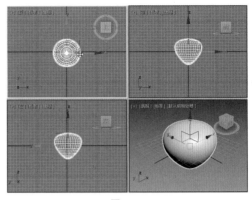

图 2-10

栅格：使用活动栅格的坐标系。

工作：当"工作"轴启用时，即为默认的坐标系（每个视图左下角的坐标系）。

拾取：使用场景中某个对象的坐标系。

2.3 对象的选择方式

为了方便操作，3ds Max 提供了多种选择对象的方式。用户学会并熟练掌握各种选择对象的方式，将会大大提高制作效率。

2.3.1 使用选择工具选择

使用选择工具选择对象的基本方法包括使用 按钮和使用 按钮。单击 按钮后，弹出"从场景选择"对话框，如图 2-11 所示。

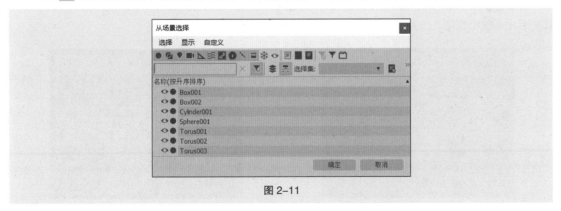

图 2-11

在该对话框中，按住 Ctrl 键的同时单击，可以选择不连续的多个对象；按住 Shift 键的同时单击，可选择连续的多个对象。在对话框的右侧可以设置对象以什么形式进行排序，也可以指定对象列表中列出的类型，包括几何体、图形、灯光、摄影机、辅助对象、空间扭曲、组 / 集合、外部参考和骨骼类型，这些类型均在工具栏中以按钮形式显示。取消激活工具栏中的类型按钮，将在列表中隐藏该类型。

2.3.2 使用区域选择

区域选择指选择工具配合工具栏中的选区工具 ▦ （矩形选择区域）、▨ （圆形选择区域）、▨ （围栏选择区域）、▨ （套索选择区域）和 ▦ （绘制选择区域）进行选择。

选择 ▦ （矩形选择区域）工具后在视口中拖动鼠标，然后释放鼠标。单击的第1个位置是矩形的一个角，释放鼠标的位置是相对的角，如图2-12所示。

选择 ▨ （圆形选择区域）工具后在视口中拖动鼠标，然后释放鼠标。单击的第1个位置是圆形的圆心，与释放鼠标的位置一起定义了圆的半径，如图2-13所示。

选择 ▨ （围栏选择区域）工具，拖动鼠标绘制多边形，创建多边形选区，如图2-14所示。

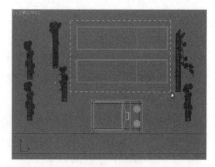

图 2-12

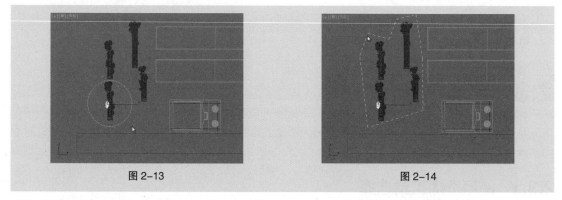

图 2-13　　　　　　　　　　　　图 2-14

选择 ▨ （套索选择区域）工具，围绕需要选择的对象拖动鼠标以绘制选区，绘制完成后释放鼠标确认，如图2-15所示。要取消该选择，在释放鼠标前右击即可。

选择 ▦ （绘制选择区域）工具，将鼠标拖至对象之上，然后释放鼠标。在拖曳时，鼠标指针周围将会出现一个圆圈，根据绘制创建选区，如图2-16所示。

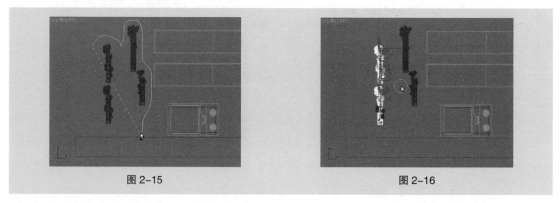

图 2-15　　　　　　　　　　　　图 2-16

2.3.3 使用"编辑"菜单选择

在菜单栏中单击"编辑"菜单，在弹出的菜单中选择相应的命令进行对象的选择，如图2-17所示。
"编辑"菜单中各个命令的介绍如下。

全选：选择场景中的全部对象。

全部不选：取消所有选择。

反选：反选当前选择集。

选择类似对象：自动选择与当前选择对象类似的所有对象。通常，这意味着这些对象位于同一层中，并且应用了相同的材质（或不应用材质）。

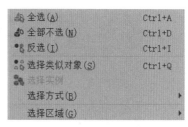

图 2-17

选择实例：选择选定对象的所有实例。

选择方式：从中定义以名称、层或颜色来选择对象。

选择区域：参考 2.3.2 小节中使用区域选择的介绍。

2.3.4　使用过滤器选择

使用选择过滤器下拉列表，可以限制由选择工具选择的对象的特定类型和组合。例如，如果选择"摄影机"，则使用选择工具进行选择时只能选择摄影机。

图 2-18 所示的场景中的对象有几何体、灯光和摄影机。

在选择过滤器下拉列表中选择"L-灯光"后，如图 2-19 所示，在场景中即使按 Ctrl+A 组合键，也不会选择除灯光对象外的其他对象。

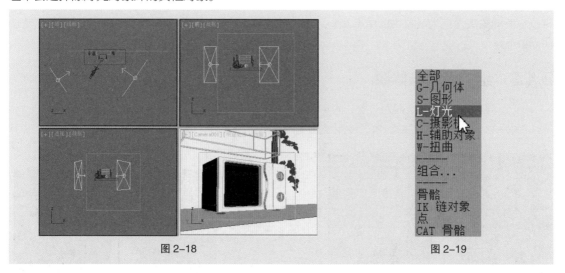

图 2-18　　　　　　　　　　　　　　　　图 2-19

2.4　对象的群组

群组对象是指将两个或多个对象组合为一个组对象。

2.4.1　组的创建与分离

要创建组，首先在场景中选择需要成组的对象，然后在菜单栏中选择"组 > 组"命令，在弹出的对话框中设置组的名称后单击"确定"按钮，如图 2-20 所示。将对象编组后可以对组进行编辑，如果想单独地调整组中的某个对象，在菜单栏中选择"组 > 打开"命令，如图 2-21 所示，单独地设置对象的参数，设置完成后选择"组 > 关闭"命令。

"组"菜单中各命令的介绍如下。

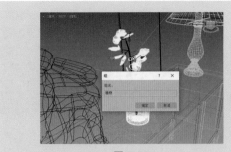
图 2-20

图 2-21

组：将对象或组的选择集组成一个组。

解组：将当前组分离为其组件对象或组。

打开：用于暂时对组进行解组，并访问组内的对象。

附加：使选定对象成为现有组的一部分。

分离：从对象的组中分离选定对象。

炸开：解组组中的所有对象，不论嵌套组的数量如何。这与"解组"不同，"解组"只解组一个层级。但有一点与"解组"命令一样，即所有炸开的实体都保留在当前选择集中。

集合：将对象选择集、集合或组合并至单个集合，并将光源辅助对象添加为头对象。集合对象后，可以将得到的集合视为场景中的单个对象；可以单击集合中的任意对象来选择整个集合；可将集合作为单个对象进行变换，也可像对待单个对象那样为集合应用修改器。

2.4.2 组的编辑与修改

组的编辑与修改主要是指为对象"附加""分离""打开"和使用一些变换工具。

图 2-22 所示为成组后的对象，使用旋转工具对组进行旋转，效果如图 2-23 所示。

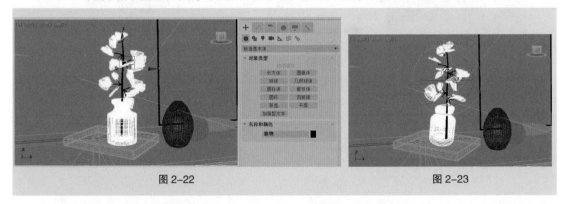

图 2-22   图 2-23

2.5 物体的变换

物体的变换包括对物体的移动、旋转和缩放，这 3 项操作几乎在每一次建模中都会用到，是建模操作的基础。

2.5.1 移动物体

选择物体并启用移动工具，当将鼠标指针移动到物体坐标轴（如 x 轴）上时，鼠标指针会变成形状，并且坐标轴（x轴）会变成亮黄色，表示可以移动，如图2-24所示。此时按住鼠标左键不放并进行拖曳，物体就会跟随鼠标指针一起移动。

利用移动工具可以使物体同时沿两个轴向移动。观察物体的坐标轴，会发现任意两个坐标轴之间都有共同区域，当将鼠标指针移动到此区域时，该区域会变黄，如图2-25所示。按住鼠标左键不放并进行拖曳，物体就会跟随鼠标指针一起沿两个轴向移动。

图2-24　　　　　　　　　　　　　　图2-25

2.5.2　旋转物体

选择物体并启用旋转工具，当将鼠标指针移动到物体的旋转轴上时，鼠标指针会变为 形状，旋转轴的颜色会变成亮黄色，如图2-26所示。按住鼠标左键不放并进行拖曳，物体会随鼠标指针的移动而旋转。旋转物体时只能进行单方向旋转。

2.5.3　缩放物体

3ds Max提供了3种方式对物体进行缩放，即 （选择并均匀缩放）、 （选择并非均匀缩放）和 （选择并挤压）。

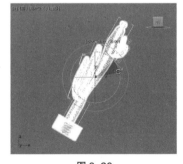

图2-26

（选择并均匀缩放）：只改变物体的体积，不改变形状，因此坐标轴向在这种情况下不起作用。

（选择并非均匀缩放）：对物体在指定的轴向上进行二维缩放（不等比例缩放），物体的体积和形状都会发生变化。

（选择并挤压）：在指定的轴向上使物体发生缩放变形，物体的体积保持不变，但形状会发生改变。

选择物体并启用缩放工具，当将鼠标指针移动到缩放轴上时，鼠标指针会变成 形状，按住鼠标左键不放并进行拖曳，即可对物体进行缩放。使用缩放工具可以同时在两个或3个轴向上对物体进行缩放，如图2-27所示，操作方法和移动工具相似。

图2-27

2.6 物体的复制

有时在建模过程中需要创建很多形状、属性相同的物体，如果分别进行创建会耗费很多时间，这时就可以使用复制命令来完成这项工作。

2.6.1 直接复制物体

在场景中选择需要复制的物体，按 Ctrl+V 组合键，可以直接复制物体。选中需要复制的物体，选择移动、旋转或缩放工具后，在按住 Shift 键的同时拖动鼠标，即可对物体进行变换复制，释放鼠标，弹出"克隆选项"对话框，复制的类型有 3 种，即"复制""实例""参考"，如图 2-28 所示，这 3 种方式主要根据复制后原物体与复制物体之间的关系来分类。

图 2-28

复制：复制后原物体与复制物体之间没有任何关系，是完全独立的物体，相互间没有任何影响。

实例：复制后原物体与复制物体相互关联，对任何一个物体的参数进行修改都会影响到相关联的其他物体。

参考：复制后原物体与复制物体有一种参考关系，对原物体进行参数修改，复制物体会受同样的影响，但对复制物体进行参数修改不会影响原物体。

2.6.2 利用镜像工具复制物体

当建模过程中需要创建两个对称的物体时，如果使用直接复制方法，很难控制物体间的距离，而且很难使两个物体相互对称，而使用镜像复制方法能很简单地解决这个问题。

选择物体后，单击 （镜像）按钮，弹出"镜像：世界 坐标"对话框，如图 2-29 所示。

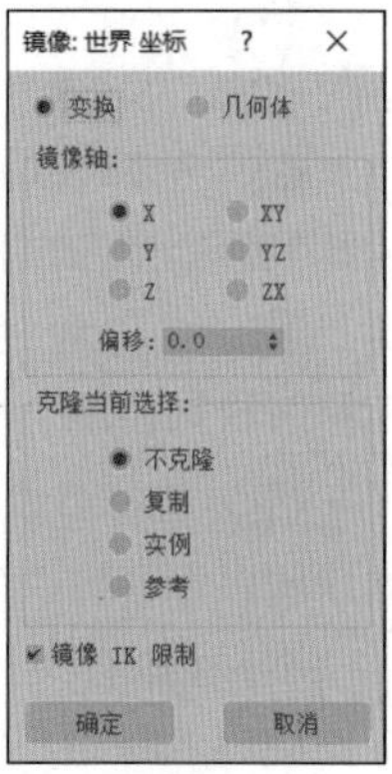

镜像轴：用于设置镜像的轴向，系统提供了 6 种镜像轴向。

偏移：用于设置镜像物体和原始物体轴心点之间的距离。

克隆当前选择：用于确定镜像物体的复制类型。

不克隆：表示仅把原始物体镜像到新位置而不复制对象。

复制：把选定物体镜像复制到指定位置。

实例：把选定物体关联镜像复制到指定位置。

参考：把选定物体参考镜像复制到指定位置。

图 2-29

使用镜像复制应该熟悉轴向的设置，选择物体后选择镜像工具，可以依次选择镜像轴，观察镜像复制物体的轴向，视图中的复制物体是随"镜像：世界 坐标"对话框中镜像轴的改变实时显示的，选择合适的轴向后单击"确定"按钮即可，单击"取消"按钮则取消镜像。

2.6.3 利用间隔工具复制物体

利用间隔工具复制物体是一种快速且比较随意的物体复制方法。使用这种方法时可以指定一条路径，使复制物体排列在指定的路径上，操作步骤如下。

（1）在视图中创建几何球体和圆，如图2-30所示。

（2）单击球体将其选中，选择"工具＞对齐＞间隔工具"命令，如图2-31所示，弹出"间隔工具"对话框。

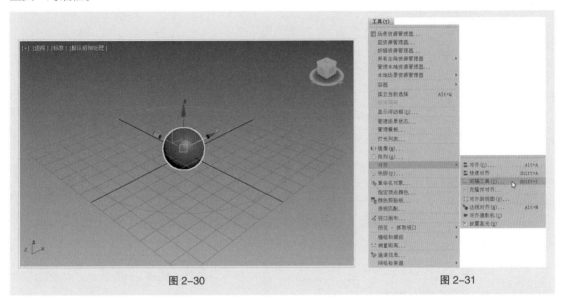

图2-30　　　　　　　　　　　　　　　　　图2-31

（3）在"间隔工具"对话框中单击"拾取路径"按钮，在视图中单击圆，"拾取路径"按钮会变为"Circle001"，表示拾取的是图形圆，如图2-32所示。在"计数"数值框中设置数值，单击"应用"按钮，复制完成，如图2-33所示。

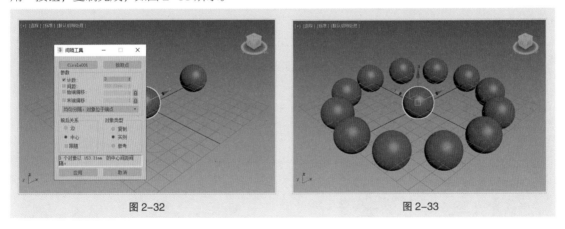

图2-32　　　　　　　　　　　　　　　　　图2-33

2.6.4　利用阵列工具复制物体

有时需要创建出多个相同的几何体，而且这些几何体要按照一定的规律进行排列，这时就要用到 （阵列）工具。

1. 选择阵列工具

阵列工具位于浮动工具栏中。在工具栏的空白处单击鼠标右键，在弹出的快捷菜单中选择"附加"命令，如图2-34所示，弹出"附加"浮动工具栏，单击 （阵列）按钮即可选择阵列工具，如图2-35所示。

下面通过一个例子来介绍阵列复制的操作步骤。

（1）在视图中创建一个球体，单击"顶"视图，然后单击球体将其选中，效果如图2-36所示。

（2）切换到 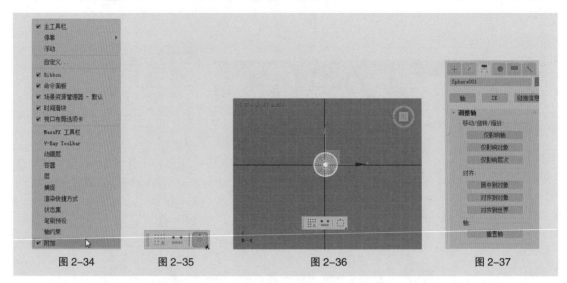（层次）命令面板，在"调整轴"卷展栏中单击"仅影响轴"按钮，如图2-37所示。

图2-34   图2-35   图2-36   图2-37

（3）使用 ✛（选择并移动）工具将球体的坐标中心移到球体外，如图2-38所示，调整轴的位置后再次单击"仅影响轴"按钮。

仅影响轴：只对被选择对象的轴心点进行修改，这时使用移动工具和旋转工具能够改变对象轴心点的位置和方向。

（4）在浮动工具栏中单击 ⚏（阵列）按钮，弹出"阵列"对话框，如图2-39所示。设置好参数单击"确定"按钮，即可阵列物体。

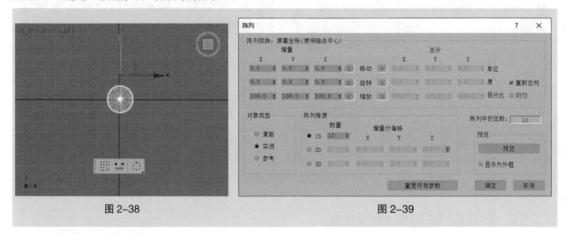

图2-38   图2-39

2. 阵列工具的参数

"阵列"对话框包括"阵列变换""对象类型""阵列维度"等选项组。

"阵列变换"选项组用于指定如何应用3种方式来进行阵列复制。

增量：用于设置x、y、z 3个轴向上的阵列物体之间距离、旋转角度、缩放程度的增量。

总计：用于设置x、y、z 3个轴向上的阵列物体自身距离、旋转角度、缩放程度的增量。

"对象类型"选项组用于确定复制的方式。

"阵列维度"选项组用于确定阵列变换的维数。

1D、2D、3D：根据"阵列变换"选项组的参数设置创建一维阵列、二维阵列、三维阵列。

阵列中的总数：表示阵列复制物体的总数。

重置所有参数：把所有参数恢复到默认设置。

2.7 捕捉工具

在建模过程中，为了精确定位，使建模更精准，经常会用到捕捉控制器。捕捉控制器中的按钮从左至右依次是 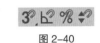（捕捉开关）、（角度捕捉切换）、（百分比捕捉切换）和（微调器捕捉切换），如图 2-40 所示。

图 2-40

2.7.1 3 种捕捉工具

捕捉工具有 3 种，系统默认设置为（3D 捕捉），捕捉开关按钮组中还有另外两个按钮，即（2D 捕捉）和（2.5D 捕捉）。

（3D 捕捉）：默认设置，直接捕捉 3D 空间中的任何几何体。3D 捕捉用于创建和移动任意尺寸的几何体，而不考虑构造平面。

（2D 捕捉）：仅捕捉活动构建栅格，包括该栅格平面上的任何几何体，将忽略 z 轴或垂直尺寸。

（2.5D 捕捉）：仅捕捉活动栅格上对象投影的顶点或边缘。

2.7.2 捕捉开关

利用（捕捉开关）能够很好地在三维空间中锁定需要的位置，以便进行、创建、编辑等操作。在创建和变换对象或子对象时，（捕捉开关）可以帮助制作者捕捉几何体的特定部分，以及捕捉栅格、切线、中点、轴心点、面中心等其他选项。

开启捕捉工具（关闭动画设置）后，可在捕捉点周围执行旋转和缩放命令。例如，开启"顶点捕捉"，对一个立方体进行旋转操作，在使用变换坐标中心的情况下，可以使用捕捉功能让物体围绕自身顶点进行旋转。当动画设置开启后，无论是执行旋转命令还是缩放命令，捕捉工具都无效，对象只能围绕自身轴心进行旋转或缩放。捕捉分为相对捕捉和绝对捕捉。

在按钮上单击鼠标右键，会弹出"栅格和捕捉设置"对话框，如图 2-41 所示。在"捕捉"选项卡中可以选择捕捉的类型，还可以控制捕捉的灵敏度。如果捕捉到了对象，会以蓝色（这里可以更改）显示一个 15 像素 ×15 像素的方格以及相应的线。

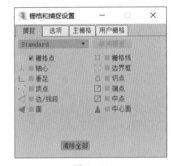

图 2-41

2.7.3 角度捕捉

（角度捕捉切换）用于设置进行旋转操作时的角度间隔，不打开角度捕捉对细微调节有帮助，但对整角度的旋转就很不方便了，而事实上我们经常要进行 90°、180° 等整角度的旋转，这时激活（角度捕捉切换）按钮，系统会以 5° 作为角度的变换间隔进行旋转。在该按钮上单击鼠标右键会弹出"栅格与捕捉设置"对话框，在"选项"选项卡中，可以通过设置"角度"值来设置角度捕捉的间隔角度，如图 2-42 所示。

2.7.4 百分比捕捉

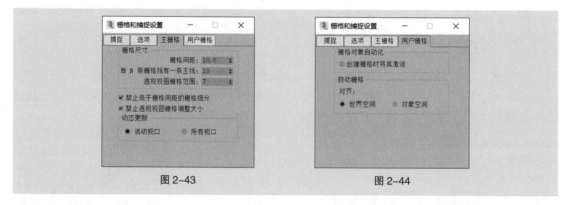

图 2-42

%（百分比捕捉切换）用于设置缩放或挤压操作时的百分比例间隔，如果不打开百分比捕捉，系统会以 1% 作为缩放的比例间隔。如果要调整比例间隔，在该按钮上单击鼠标右键，会弹出"栅格和捕捉设置"对话框，在"选项"选项卡中通过设置"百分比"值来调整捕捉的比例间隔，默认值为 10%。

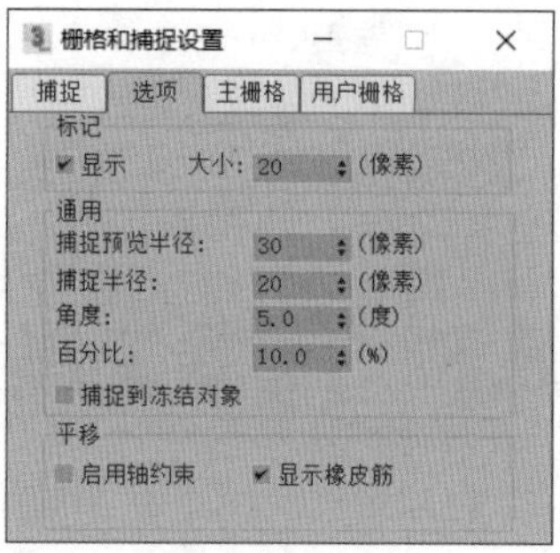

2.7.5 捕捉工具的参数设置

捕捉工具必须在开启状态下才能起作用，单击捕捉工具按钮，按钮变为蓝色表示工具启用。要想灵活运用捕捉工具，还需要对它的参数进行设置。在捕捉工具按钮上单击鼠标右键，会弹出"栅格和捕捉设置"对话框。

"捕捉"选项卡用于调整空间捕捉的捕捉类型。图 2-41 所示为系统默认设置的捕捉类型。栅格点捕捉、端点捕捉和中点捕捉是常用的捕捉类型。

"选项"选项卡用于调整"角度捕捉"和"百分比捕捉"的参数，如图 2-42 所示。

"主栅格"选项卡用于调整栅格的大小与间距，如图 2-43 所示。

"用户栅格"选项卡用于激活并对齐栅格，如图 2-44 所示。

图 2-43   图 2-44

2.8 对齐工具

使用对齐工具可以对物体进行方向和比例的对齐，还可以进行法线对齐、放置高光、对齐摄影机和对齐视图等操作。对齐工具有实时调节及实时显示效果的功能。

在场景中选择需要对齐的模型，在工具栏中单击 ■（对齐）按钮，在弹出的对话框中设置对齐参数，图 2-45 所示的参数用于将球体对齐到茶壶的中心位置。

当前激活的是"透视"视图，如果要将球体放置到茶壶轴点，可以按照图 2-46 所示进行设置。

"对齐当前选择"对话框选项的介绍如下。

"对齐位置（世界）"选项组主要选项如下。

X 位置、Y 位置、Z 位置：指定要在其中执行对齐操作的一个或多个轴。勾选这 3 个复选框可以将当前对象移动到目标对象位置。

最小：将具有最小 x、y 和 z 值的对象边界框上的点与其他对象上选定的点对齐。

中心：将对象边界框的中心与其他对象上的选定点对齐。

轴点：将对象的轴点与其他对象上的选定点对齐。

最大：将具有最大 x、y 和 z 值的对象边界框上的点与其他对象上选定的点对齐。

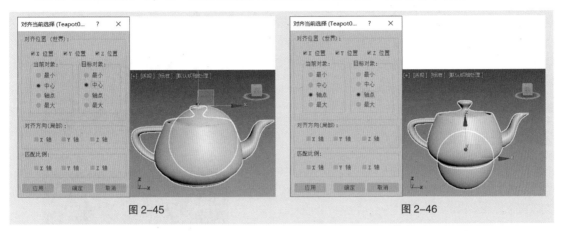

<table>
<tr><td>图 2-45</td><td>图 2-46</td></tr>
</table>

"对齐方向（局部）"选项组：用于匹配两个对象之间的"局部"坐标系的方向。

"匹配比例"选项组：勾选"X轴""Y轴""Z轴"复选框，可匹配两个选定对象之间的缩放轴值。该操作仅对变换输入中显示的缩放值进行匹配。这不一定会导致两个对象的大小相同，如果两个对象先前都未进行缩放，则其大小不会更改。

将球体放到茶壶的上方，如图 2-47 所示。将球体放到茶壶的下方，如图 2-48 所示。

<table>
<tr><td>图 2-47</td><td>图 2-48</td></tr>
</table>

2.9 撤销和重做命令

3ds Max 提供了撤销和重做命令，用于使操作回到之前的某一步，这两个命令在建模过程中非常有用，快速访问工具栏中有相应的快捷按钮。

撤销命令 ↩：用于撤销最近一次操作，可以连续使用，快捷键为 Ctrl+Z。在 ↩ 按钮上单击鼠标右键，会显示最近执行过的一些步骤，可以从中选择要撤销的步骤，如图 2-49 所示。

重做命令 ↪：用于恢复撤销的操作，可以连续使用，快捷键为 Ctrl+Y。

图 2-49

重做命令也有重做步骤的列表，打开该列表的方法与撤销命令相同。

2.10 物体的轴心控制

轴心控制是指控制物体发生变换时的中心，只影响物体的旋转和缩放。对物体进行轴心控制有3种方式：▐▌（使用轴点中心）、▐▌（使用选择中心）、▐▌（使用变换坐标中心）。

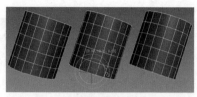

图 2-50

2.10.1 使用轴点中心

"使用轴点中心"即把选择对象自身的轴心点作为旋转、缩放操作的中心。如果选择了多个物体，则以每个物体各自的轴心点进行变换操作。图2-50中的3个圆柱体就是按照自身的坐标中心旋转的。

图 2-51

2.10.2 使用选择中心

"使用选择中心"即把选择对象的公共轴心点作为物体旋转和缩放的中心。图2-51中的3个圆柱体是围绕一个共同的轴心点旋转的。

2.10.3 使用变换坐标中心

"使用变换坐标中心"即把选择对象所使用的当前坐标系的中心点作为被选择物体旋转和缩放的中心。例如，可以通过"拾取"坐标系进行拾取，把被拾取物体的坐标中心作为选择物体的旋转和缩放中心。

下面通过3个圆柱体进行介绍，操作步骤如下。

（1）用鼠标框选右侧的两个圆柱体，然后选择坐标系统下拉列表中的"拾取"，如图2-52所示。

（2）单击另一个圆柱体，将两个圆柱体的坐标中心拾取在另一个圆柱体上。

（3）对这两个圆柱体进行旋转，会发现这两个圆柱体的旋转中心是被拾取圆柱体的坐标中心，如图2-53所示。

图 2-52

图 2-53

03

第3章
创建基本几何体

▶ 本章介绍

　　本章主要介绍 3ds Max 中基本几何体的创建,大多数的场景都是由一些简单的基本几何体堆砌和编辑而成的。通过本章的学习,读者可以对基本几何体有初步的了解和认识,为建立复杂的几何体奠定基础。

知识目标

- 认识常见的标准基本体,了解其属性
- 认识常见的扩展基本体,了解其属性

能力目标

- 掌握使用标准基本体建立模型的方法
- 掌握使用扩展基本体建立模型的方法

素养目标

- 培养学生的建模思维
- 培养学生不惧困难的学习精神

第3章简介

3.1　创建标准基本体

在 3ds Max 中，可以使用单个基本几何体对常见的对象建模，还可以将基本几何体结合到更复杂的对象中，并使用修改器进一步优化。我们平时见到的建筑浏览动画、室内外宣传效果图等，都是由一些简单的几何体修改后得到的。通过对基本模型的节点、线和面进行编辑，就能制作出想要的模型。认识和学习基础模型是以后学习复杂建模技术的前提和基础。建模中最简单的是"标准基本体"和"扩展基本体"的创建。

3.1.1　课堂案例——制作端景台模型

【案例学习目标】学习如何创建并编辑长方体。
【案例知识要点】使用"长方体"工具，结合使用"移动""旋转""捕捉"工具来完成端景台模型的制作，效果如图 3-1 所示。
【素材文件位置】云盘 / 贴图。
【模型文件所在位置】云盘 / 场景 /Ch03/ 端景台模型 .max。
【参考模型文件所在位置】云盘 / 场景 /Ch03/ 端景台 .max。

（1）单击"➕（创建）＞ ●（几何体）＞ 标准基本体 ＞ 长方体"按钮，在"顶"视图中创建长方体，在"参数"卷展栏中设置"长度"为 400mm、"宽度"为 1200mm、"高度"为 30mm，如图 3-2 所示。

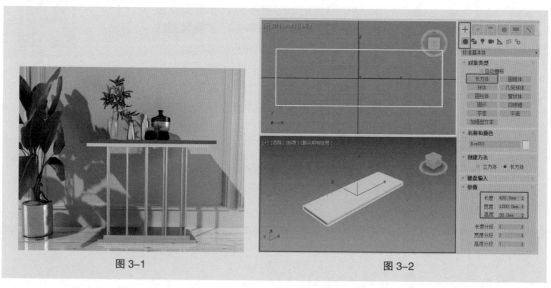

图 3-1　　　　　　　　　　　　　　　　图 3-2

（2）在场景中选择长方体，按 Ctrl+V 组合键，在弹出的"克隆选项"对话框中选择"复制"单选项，单击"确定"按钮。

（3）选择复制出的长方体，切换到 ▨（修改）命令面板，在"参数"卷展栏中设置"长度"为 300mm、"宽度"为 1100mm、"高度"为 30mm，如图 3-3 所示。

（4）在工具栏中选择 ▨（2.5D 捕捉），用鼠标右键单击该按钮，在弹出的"栅格和捕捉设置"

对话框中设置捕捉为"顶点",关闭对话框。

（5）通过顶点捕捉，使用 ✛（选择并移动）工具在"前"视图中将复制出的长方体沿着 y 轴移动到第一个长方体的下方，如图 3-4 所示。

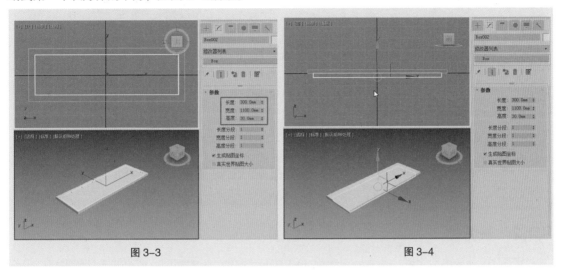

图 3-3　　　　　　　　　　　　　　　　　　图 3-4

（6）单击"✛（创建）> ●（几何体）> 标准基本体 > 长方体"按钮，在"顶"视图中创建长方体，在"参数"卷展栏中设置"长度"为 20mm、"宽度"为 20mm、"高度"为 800mm，如图 3-5 所示。

（7）通过顶点捕捉，使用 ✛（选择并移动）工具在场景中调整模型的位置。在"顶"视图中，按住 Shift 键的同时，移动并复制多个模型，如图 3-6 所示。

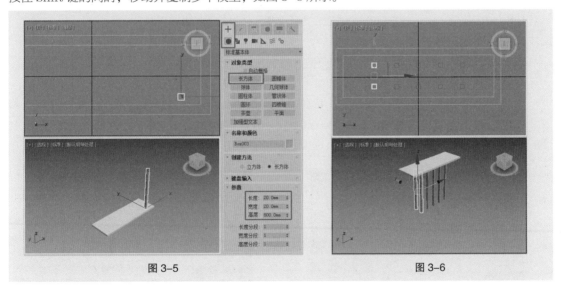

图 3-5　　　　　　　　　　　　　　　　　　图 3-6

（8）在场景中选择第一个长方体，按 Ctrl+V 组合键，在弹出的"克隆选项"对话框中选择"复制"单选项，单击"确定"按钮。在场景中使用 ✛（选择并移动）工具调整复制出的长方体的位置，在"参数"卷展栏中修改"长度"为 250mm、"宽度"为 800mm、"高度"为 30mm，如图 3-7 所示。

（9）复制一个长方体，在"参数"卷展栏中修改"长度"为 300mm、"宽度"为 900mm、"高度"为 30mm，如图 3-8 所示。端景台模型制作完成。

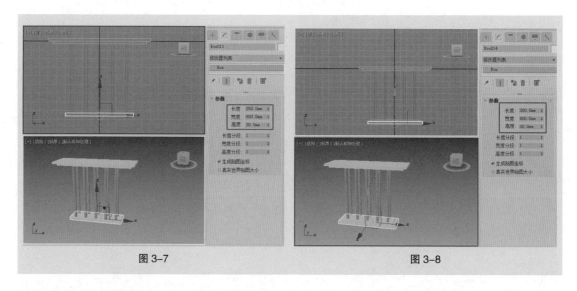

图 3-7   图 3-8

3.1.2　长方体

对于室内外效果图来说，长方体是建模过程中使用非常频繁的模型，通过修改该模型可以得到大部分模型。

1. 创建长方体

创建长方体有两种方法：一种是立方体创建方法，另一种是长方体创建方法，如图 3-9 所示。

立方体创建方法：以正方体方式创建，操作简单，但只限于创建正方体。

长方体创建方法：以长方体方式创建，是系统默认的创建方法，用法比较灵活。

图 3-9

长方体的创建方法比较简单，也比较典型，是学习其他几何体创建的基础，操作步骤如下。

（1）单击"＋（创建）> ●（几何体）> 标准基本体 > 长方体"按钮。

（2）移动鼠标指针到适当的位置，按住鼠标左键进行拖曳，视图中生成一个矩形平面，如图 3-10 所示；松开鼠标左键并上下移动鼠标指针，长方体的高度会随鼠标指针的移动而变化，在合适的位置单击鼠标左键，长方体创建完成，如图 3-11 所示。

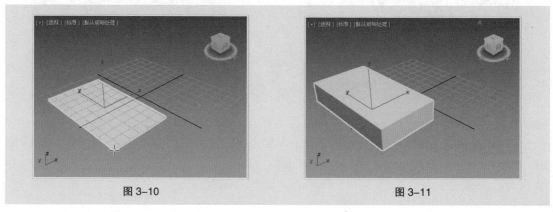

图 3-10   图 3-11

2. 长方体的参数

单击长方体将其选中，然后单击 ☑（修改）按钮，切换到"修改"命令面板，该面板中会显示长方体的参数,如图 3-12 所示。

长度、宽度、高度:确定长方体的长、宽、高。

长度分段、宽度分段、高度分段:控制长方体边上的段数,段数越多,长方体表面就越细腻。

生成贴图坐标:勾选此复选框后,将自动指定贴图坐标。

"参数"卷展栏用于调整物体的体积、形状以及表面的光滑度。在参数的数值框中可以直接输入数值进行设置,也可以利用数值框旁边的微调器 进行调整。

在 3ds Max 中创建的所有几何体都有图 3-13 所示的参数,这些参数用于给物体指定名称和颜色,便于以后选取和修改。单击右边的颜色块,弹出"对象颜色"对话框,如图 3-14 所示。此对话框用于设置几何体的颜色,单击颜色块选择合适的颜色后,单击"确定"按钮即可完成设置。单击"取消"按钮则取消颜色设置。单击"添加自定义颜色"按钮,可以自定义颜色。

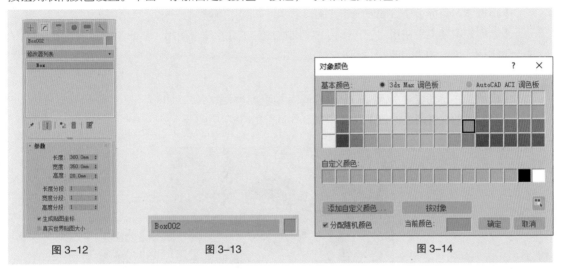

| 图 3-12 | 图 3-13 | 图 3-14 |

对于简单的建模,使用键盘建模方式比较方便,直接在图 3-15 所示的面板中输入几何体的参数,然后单击"创建"按钮,视图中会自动生成相应的几何体。如果要创建较为复杂的模型,建议使用手动方式建模。

图 3-15

3.1.3 球体

利用"球体"按钮,可以制作面状或光滑的球体,也可以制作局部球体。下面介绍球体的创建方法及其参数。

1. 创建球体

球体的创建非常简单,具体操作步骤如下。

(1)单击" + (创建)> ● (几何体)> 标准基本体 > 球体"按钮。

(2)移动鼠标指针到适当的位置,按住鼠标左键进行拖曳,视图中生成一个球体,移动鼠标指针可以调整球体的大小,在适当位置松开鼠标左键,球体创建完成,如图 3-16 所示。

2. 球体的参数

单击球体将其选中,然后单击 (修改)按钮,"修改"命令面板中会显示球体的参数,如图 3-17 所示。

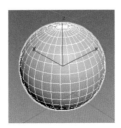

图 3-16

图 3-17

半径：设置球体的半径大小。

分段：设置表面的段数，值越大，表面越光滑，模型也越复杂。

平滑：设置是否对球体表面进行自动光滑处理（系统默认勾选）。

半球：用于创建半球或球体的一部分。其取值范围为 0 ~ 1。默认为 0.0，表示建立完整的球体，增大数值，球体被逐渐减去；值为 0.5 时，创建出的是半球；值为 1.0 时，球体全部消失。

切除、挤压：在进行半球系数调整时发挥作用，用于确定球体被切除后，原来的网格划分是随之切除还是仍保留但被挤入剩余的球体中。

3.1.4 课堂案例——制作几何壁灯模型

【案例学习目标】学习如何创建并编辑管状体和圆柱体。

【案例知识要点】使用"管状体"和"圆柱体"工具，结合使用"移动"工具来完成几何壁灯模型的制作，效果如图 3-18 所示。

【素材文件位置】云盘 / 贴图。

【模型文件所在位置】云盘 / 场景 /Ch03/ 几何壁灯模型 .max。

【参考模型文件所在位置】云盘 / 场景 /Ch03/ 几何壁灯 .max。

制作几何壁灯模型

图 3-18

（1）单击"➕（创建）>●（几何体）> 标准基本体 > 管状体"按钮，在"顶"视图中创建管状体，在"参数"卷展栏中设置"半径 1"为 480mm、"半径 2"为 600mm、"高度"为 100mm、"高度分段"为 1、"边数"为 80，如图 3-19 所示。

（2）切换到❷（修改）命令面板，在"修改器列表"中选择"编辑多边形"修改器，将选择集定义为"边"，在"前"视图中选中图 3-20 所示的两条边。

（3）在"选择"卷展栏中单击"循环"按钮，选择图 3-21 所示的两圈边。

（4）在"编辑边"卷展栏中单击"切角"后的■（设置）按钮，在弹出的助手小盒中设置切角量和边数，如图 3-22 所示。

（5）单击"➕（创建）>●（几何体）> 标准基本体 > 圆柱体"按钮，在"顶"视图中创建圆柱体，在"参数"卷展栏中设置"半径"为 40mm、"高度"为 300mm、"高度分段"为 1、"边数"为 30，如图 3-23 所示。

（6）单击"➕（创建）>●（几何体）> 标准基本体 > 球体"按钮，在"顶"视图中创建球体，设置参数，如图 3-24 所示。

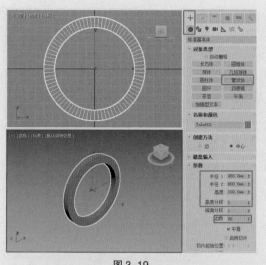

图 3-19

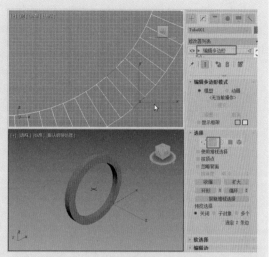

图 3-20

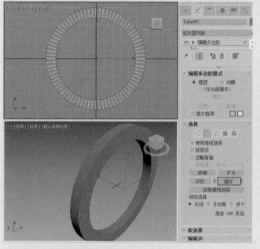

图 3-21

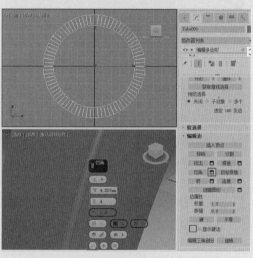

图 3-22

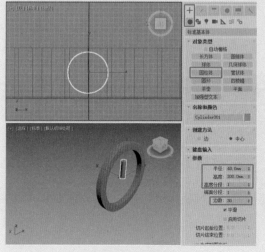

图 3-23

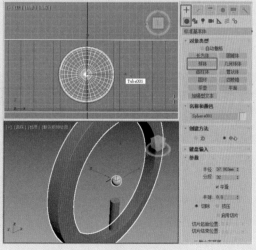

图 3-24

（7）选中球体，切换到 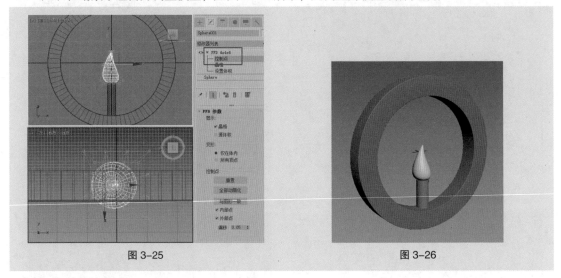（修改）命令面板，在"修改器列表"中选中"FFD 4×4×4"修改器，将选择集定义为"控制点"，在"前"视图中选中整组控制点，并调整其位置，在"顶"视图中缩放选中的整组控制点，如图 3-25 所示。

（8）在场景中组合并调整模型，如图 3-26 所示，几何壁灯模型制作完成。

图 3-25　　　　　　　　　　　　　　　　　图 3-26

3.1.5　圆柱体

"圆柱体"按钮用于制作棱柱体、圆柱体和局部圆柱体。下面介绍圆柱体的创建方法及其参数。

1. 创建圆柱体

圆柱体的创建方法与长方体的创建方法基本相同，具体操作步骤如下。

（1）单击" ＋ （创建）＞ ● （几何体）＞ 标准基本体 ＞ 圆柱体"按钮。

（2）将鼠标指针移到视图中，按住鼠标左键进行拖曳，视图中出现一个圆形平面。在适当的位置松开鼠标左键并上下移动鼠标指针，圆柱体高度会随鼠标指针的移动而变化，在适当的位置单击，圆柱体创建完成，如图 3-27 所示。

2. 圆柱体的参数

单击圆柱体将其选中，然后单击 （修改）按钮，"修改"命令面板中会显示圆柱体的参数，如图 3-28 所示。

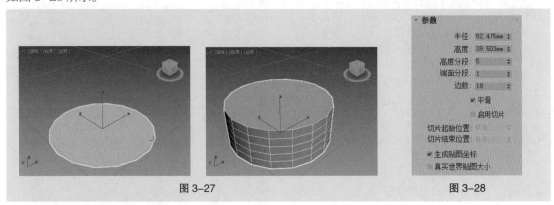

图 3-27　　　　　　　　　　　　　　　　　图 3-28

半径：设置底面和顶面的半径。

高度：确定圆柱体的高度。

高度分段：确定圆柱体在高度方向上的段数。如果要弯曲圆柱体，调整此参数可以产生光滑的弯曲效果。

端面分段：确定圆柱体两个端面上沿半径方向的段数。

边数：确定圆周上的片段划分数，即棱柱的边数。对于圆柱体，边数越多，圆柱体越光滑。最小值为3，此时圆柱体的截面为三角形。

3.1.6　圆环

"圆环"按钮用于制作立体的圆环，截面为正多边形，通过对正多边形边数、光滑度、旋转角度等进行控制可产生不同的圆环效果。下面介绍圆环的创建方法及其参数。

1.　创建圆环

创建圆环的操作步骤如下。

（1）单击"➕（创建）> ⬤（几何体）> 标准基本体 > 圆环"按钮。

（2）将鼠标指针移到视图中，按住鼠标左键进行拖曳，视图中生成一个圆环，如图3-29所示；在适当的位置松开鼠标左键，上下移动鼠标指针可调整好圆环的粗细后单击，圆环创建完成，如图3-30所示。

2.　圆环的参数

单击圆环将其选中，然后单击▧（修改）按钮，"修改"命令面板中会显示圆环的参数，如图3-31所示。

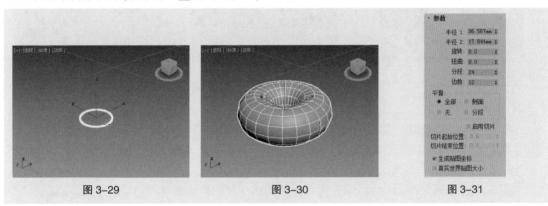

图3-29　　　　　　　　　　图3-30　　　　　　　　　　图3-31

半径1：设置圆环中心与截面正多边形中心的距离。

半径2：设置截面正多边形的内径。

旋转：设置片段截面沿圆环轴旋转的角度，如果进行扭曲设置或以不光滑表面着色，则可以看到该参数的效果。

扭曲：设置每个截面扭曲的角度，并产生扭曲的表面。

分段：确定沿圆周方向上片段被划分的数目。值越大，得到的圆环越光滑，最小值为3。

边数：确定圆环的侧边数。

"平滑"选项组：设置光滑属性，将棱边光滑，共有4种方式。其中"全部"用于对所有表面进行光滑处理，"侧面"用于对侧边进行光滑处理，"无"表示不进行光滑处理，"分段"用于光滑处理每一个独立的面。

3.1.7　圆锥体

"圆锥体"按钮用于制作圆锥体、圆台、四棱锥和棱台以及它们的局部。下面介绍圆锥体的创建方法及其参数。

1. 创建圆锥体

图 3-32

创建圆锥体有两种方法：一种是边创建方法，另一种是中心创建方法，如图 3-32 所示。

边创建方法：以边界为起点创建圆锥体，在视图中将单击的点作为圆锥体底面的边界起点，拖曳鼠标的过程中始终以该点为圆锥体的边界。

中心创建方法：以中心为起点创建圆锥体，系统将采用在视图中第一次单击的点作为圆锥体底面的中心点，是系统默认的创建方式。

创建圆锥体比创建长方体多一个步骤，具体操作步骤如下。

（1）单击"╋（创建）> ●（几何体）> 标准基本体 > 圆锥体"按钮。

（2）移动鼠标指针到适当的位置，按住鼠标左键进行拖曳，视图中生成一个圆形平面，如图 3-33 所示；松开鼠标左键并上下移动鼠标指针，锥体的高度会随鼠标指针的移动而变化，如图 3-34 所示，在合适的位置单击。

（3）移动鼠标指针，调节好顶端面的大小后单击，完成圆锥体的创建，如图 3-35 所示。

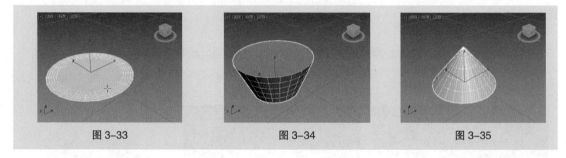

图 3-33   图 3-34   图 3-35

2. 圆锥体的参数

单击圆锥体将其选中，然后单击 🖉（修改）按钮，"修改"命令面板中会显示圆锥体的参数，如图 3-36 所示。

半径 1：设置圆锥体底面的半径。

半径 2：设置圆锥体顶面的半径（若"半径"2 不为 0，则圆锥体会变为圆台）。

高度：设置圆锥体的高度。

高度分段：设置圆锥体在高度上的段数。

端面分段：设置圆锥体在两端平面、上底面和下底面沿半径方向的段数。

图 3-36

边数：设置圆锥体端面圆周上的片段划分数。值越大，圆锥体越光滑。对棱锥来说，边数决定它是几棱锥。

平滑：设置是否进行表面光滑处理。勾选时，产生圆锥体、圆台；未勾选时，产生四棱锥、棱台。

启用切片：设置是否进行局部切片处理。

切片起始位置：确定切除部分的起始幅度。

切片结束位置：确定切除部分的结束幅度。

3.1.8 管状体

"管状体"按钮用于建立各种空心管状体物体，包括管状体、棱管以及局部管状体。下面介绍管状体的创建方法及其参数。

1. 创建管状体

管状体的创建步骤如下。

（1）单击"➕（创建）＞●（几何体）＞标准基本体＞管状体"按钮。

（2）将鼠标指针移到视图中，按住鼠标左键进行拖曳，视图中出现一个圆，在适当的位置松开鼠标左键并上下移动鼠标指针，会生成一个圆环形面片，在适当的位置单击，然后上下移动鼠标指针，管状体的高度会随之变化，在合适的位置单击，管状体创建完成，如图 3-37 所示。

2. 管状体的参数

单击管状体将其选中，然后单击 ☑（修改）按钮，"修改"命令面板中会显示管状体的参数，如图 3-38 所示。

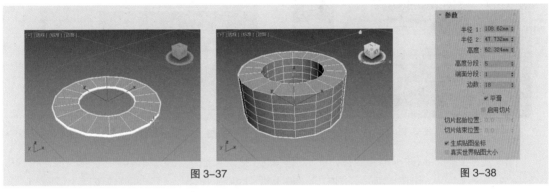

图 3-37　　　　　　　　　　　　　　　图 3-38

半径 1：确定管状体的内径大小。

半径 2：确定管状体的外径大小。

高度：确定管状体的高度。

高度分段：确定管状体高度方向的段数。

端面分段：确定管状体上下底面的段数。

边数：设置管状体侧边数的多少。值越大，管状体越光滑。对棱管来说，边数决定它是几棱管。

3.2　创建扩展基本体

扩展基本体是比标准基本体复杂的几何体，可以说是标准基本体的延伸，具有更加丰富的形态，在建模过程中也被频繁地使用，并被用于建造复杂的三维模型。

3.2.1　课堂案例——制作沙发模型

【案例学习目标】学习如何创建并编辑切角长方体和切角圆柱体。

【案例知识要点】使用"切角长方体"和"切角圆柱体"工具，结合使用"FFD 4×4×4"修改器来完成沙发模型的制作，效果如图 3-39 所示。

【素材文件位置】云盘 / 贴图。

【模型文件所在位置】云盘 / 场景 /Ch03/ 沙发模型 .max。

【参考模型文件所在位置】云盘 / 场景 /Ch03/ 沙发 .max。

制作沙发
模型

（1）单击"➕（创建）>●（几何体）>扩展基本体 > 切角长方体"按钮，在"顶"视图中创建切角长方体作为沙发坐垫，在"参数"卷展栏中设置"长度"为500mm、"宽度"为600mm、"高度"为180mm、"圆角"为8mm、"长度分段"为10、"宽度分段"为10、"高度分段"为1、"圆角分段"为3，如图3-40所示。

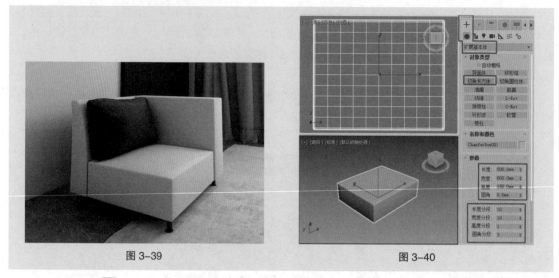

图 3-39   图 3-40

（2）切换到 ☑（修改）命令面板，在"修改器列表"中选择"FFD 4×4×4"修改器，将选择集定义为"控制点"，先在"前"视图中选择最上排中间的两组点，将它们的位置向上调整一点，再切换到"左"视图，选择中间顶部的两组点，将它们的位置向上调整一点，如图3-41所示。

（3）关闭选择集，在"左"视图中旋转并复制模型得到靠背。在修改器堆栈中选择切角长方体，修改模型参数，设置"高度"为135mm。选择"FFD 4×4×4"修改器，在"FFD 参数"卷展栏中单击"重置"按钮，重置控制点。将选择集定义为"控制点"，在"左"视图中调整控制点，如图3-42所示。

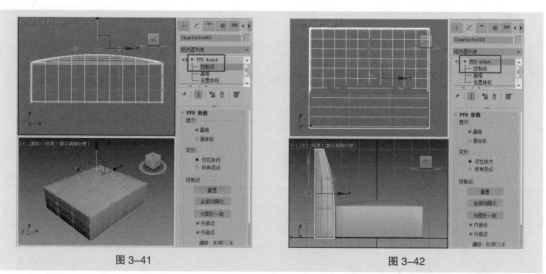

图 3-41   图 3-42

（4）旋转并复制模型得到扶手。删除修改器。修改模型参数，设置"宽度"为640mm、"长度分段"和"宽度分段"均为1，调整模型至合适的位置，如图3-43所示。

（5）在"顶"视图中创建圆柱体作为沙发腿的支柱。在"参数"卷展栏中设置"半径"为12mm、"高度"为80mm、"高度分段"为1、"端面分段"为1，调整模型至合适的位置，如图3-44所示。

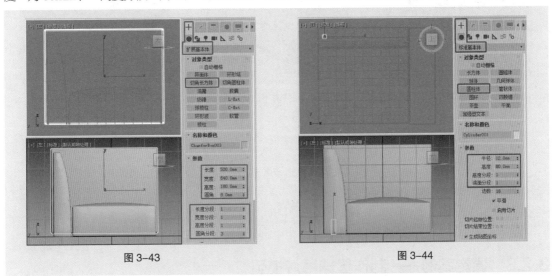

图 3-43　　　　　　　　　　　　　　　　　图 3-44

（6）在"顶"视图中创建切角圆柱体作为沙发腿的底座。在"参数"卷展栏中设置"半径"为20mm、"高度"为10mm、"圆角"为4mm、"高度分段"为1、"圆角分段"为3、"边数"为20、"端面分段"为1，调整模型至合适的位置，如图3-45所示。

（7）移动并复制沙发腿模型，调整模型至合适的位置，效果如图3-46所示。沙发模型制作完成。

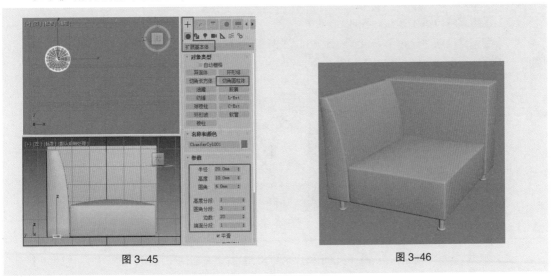

图 3-45　　　　　　　　　　　　　　　　　图 3-46

3.2.2　切角长方体

"切角长方体"按钮用于直接创建带切角的长方体。下面介绍切角长方体的创建方法及其参数。

1. 创建切角长方体

（1）单击" ➕ （创建）> ● （几何体）> 扩展基本体 > 切角长方体"按钮。

（2）将鼠标指针移到视图中，按住鼠标左键进行拖曳，视图中生成一个长方形平面，如图3-47所示；在适当的位置松开鼠标左键并上下移动鼠标指针，调整平面的高度，如图3-48所示；单击后上下移动鼠标指针，调整圆角的系数，再次单击，切角长方体创建完成，如图3-49所示。

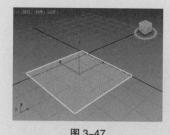
图 3-47

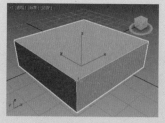
图 3-48

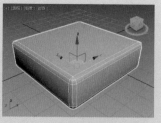
图 3-49

2. 切角长方体的参数

单击切角长方体将其选中，然后单击 （修改）按钮，"修改"命令面板中会显示切角长方体的参数，如图 3-50 所示。

圆角：设置切角长方体的圆角半径，确定圆角的大小。

圆角分段：设置圆角的分段数，值越大，圆角越圆滑。

3.2.3　课堂案例——制作星球吊灯模型

图 3-50

【案例学习目标】学习如何创建并编辑切角圆柱体。

【案例知识要点】使用"球体"工具和可渲染的样条线制作吊灯模型，利用切角圆柱体创建底座，效果如图 3-51 所示。

【素材文件位置】云盘 / 贴图。

【模型文件所在位置】云盘 / 场景 /Ch03/ 星球吊灯模型 .max。

【参考模型文件所在位置】云盘 / 场景 /Ch03/ 星球吊灯 .max。

制作星球吊灯模型

图 3-51

（1）单击"<kbd>+</kbd>（创建）> ●（几何体）> 标准基本体 > 球体"按钮，在场景中创建多个大小不一的球体，并分别调整球体到合适的位置，如图 3-52 所示。

（2）单击"<kbd>+</kbd>（创建）> ◙（图形）> 样条线 > 线"按钮，在"前"视图中创建线，在"渲染"卷展栏中勾选"在渲染中启用"和"在视口中启用"复选框，设置合适的渲染"厚度"，如图 3-53 所示。

（3）选择线，切换到 ◙（修改）命令面板，将选择集定义为"顶点"，在视图中调整顶点的位置，如图 3-54 所示。

（4）使用相同的方法为其他的球体创建线，制作出图 3-55 所示的效果。

（5）单击"<kbd>+</kbd>（创建）> ●（几何体）> 扩展基本体 > 切角圆柱体"按钮，在"前"视图中创建切角圆柱体，在"参数"卷展栏中设置"半径"为 200mm、"高度"为 40mm、"圆角"为

10mm、"高度分段"为1、"圆角分段"为1、"边数"为50，如图3-56所示。

（6）在场景中调整各个模型的位置，效果如图3-57所示。星球吊灯模型制作完成。

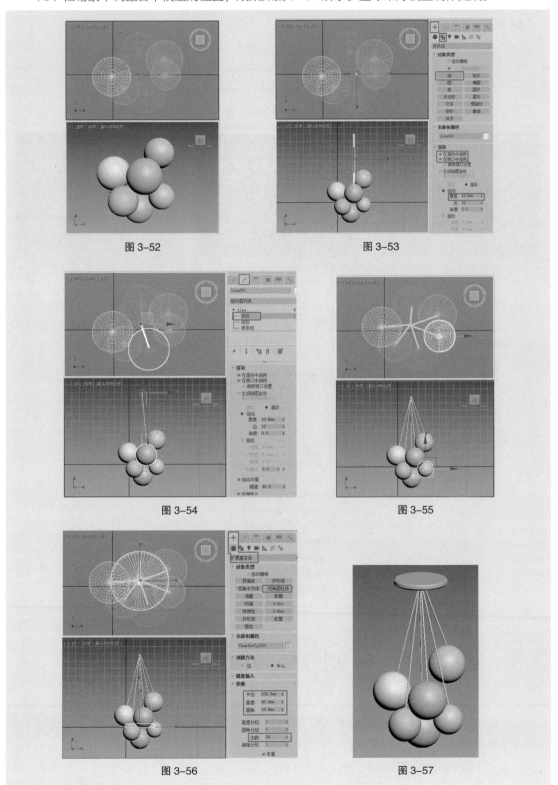

图 3-52

图 3-53

图 3-54

图 3-55

图 3-56

图 3-57

3.2.4　切角圆柱体

"切角圆柱体"按钮用于直接创建带切角的圆柱体。下面介绍切角圆柱体的创建方法及其参数。

1.　创建切角圆柱体

（1）单击"➕（创建）>●（几何体）>扩展基本体>切角圆柱体"按钮。

（2）将鼠标指针移到视图中，按住鼠标左键进行拖曳，视图中生成一个圆形平面，如图3-58所示，在适当的位置松开鼠标左键并上下移动鼠标指针，调整平面的高度，如图3-59所示；单击后上下移动鼠标指针，调整圆角的系数，再次单击，切角圆柱体创建完成，如图3-60所示。

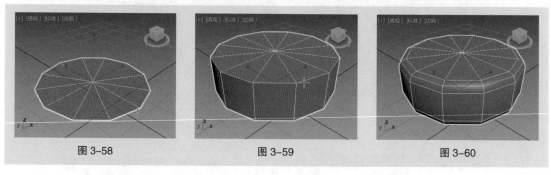

图 3-58　　　　　　　　　图 3-59　　　　　　　　　图 3-60

2.　切角圆柱体的参数

单击切角圆柱体将其选中，然后单击 ☑（修改）按钮，"修改"命令面板中会显示切角圆柱体的参数，如图3-61所示，切角长方体的参数和切角圆柱体大部分是相同的。

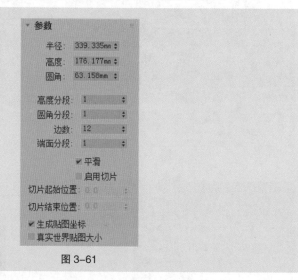

图 3-61

3.3　课堂练习——制作笔筒模型

【练习知识要点】使用"管状体"和"圆柱体"工具制作笔筒模型，效果如图3-62所示。

【素材文件位置】云盘 / 贴图。

【参考模型文件所在位置】云盘 / 场景 /Ch03/ 笔筒 .max。

制作笔筒
模型

图 3-62

3.4　课后习题——制作时尚圆桌模型

　　【习题知识要点】使用"圆柱体""圆锥体""圆环""球体"工具制作时尚圆桌模型，效果如图 3-63 所示。

　　【素材文件位置】云盘 / 贴图。

　　【参考模型文件所在位置】云盘 / 场景 /Ch03/ 时尚圆桌 .max。

制作时尚圆
桌模型

图 3-63

第4章

创建二维图形

▶ 本章介绍

本章主要介绍二维图形的创建方法及其参数的设置和修改。通过本章的学习，读者可以掌握创建二维图形的方法和技巧，并能根据实际需要绘制出基础的二维图形。

知识目标

● 熟悉创建二维图形的工具、命令
● 了解二维图形转化为三维图形的方法

第 4 章简介

能力目标

● 掌握使用二维线建立模型的方法
● 掌握使用二维图形建立模型的方法

素养目标

● 培养学生规范的 3ds Max 建模习惯
● 培养学生的中式审美

4.1 创建二维线

平面图形基本都是由直线和曲线组成的。通过创建二维线来建模是 3ds Max 中一种常用的建模方法。下面介绍二维线的创建方法。

4.1.1 课堂案例——制作中式屏风模型

【案例学习目标】熟悉线的创建，结合修改器和"移动"工具对线进行位置的调整和复制。

【案例知识要点】使用"矩形"和"线"工具创建并调整样条线，设置样条线可渲染，结合使用"编辑样条线"和"挤出"修改器完成屏风模型的制作，效果如图 4-1 所示。

【模型文件所在位置】云盘 / 场景 /Ch04/ 屏风模型 .max。

【参考模型文件所在位置】云盘 / 场景 /Ch04/ 屏风 .max。

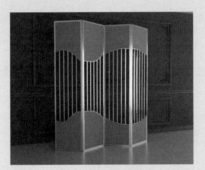

制作中式屏风模型

图 4-1

（1）单击" ➕ （创建）> 🔲 （图形）> 矩形"按钮，在"前"视图中创建矩形，在"参数"卷展栏中设置"长度"为 1800mm、"宽度"为 400mm，如图 4-2 所示。

（2）切换到 🔧 （修改）命令面板，为矩形添加"编辑样条线"修改器，将选择集定义为"样条线"，在场景中选中样条线，在"几何体"卷展栏中设置"轮廓"为 20，如图 4-3 所示。

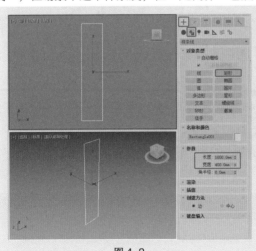

图 4-2

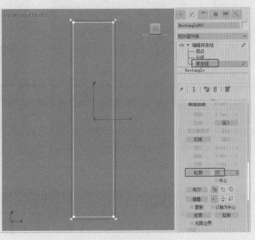

图 4-3

（3）关闭选择集，为图形添加"挤出"修改器，在"参数"卷展栏中设置"数量"为 20mm，如图 4-4 所示。

（4）单击"➕（创建）>⊞（图形）>样条线 > 线"按钮，在"前"视图中创建可渲染的样条线，在"渲染"卷展栏中勾选"在渲染中启用"和"在视口中启用"复选框，选择"矩形"单选项，设置"长度"为 15mm、"宽度"为 15mm，如图 4-5 所示。

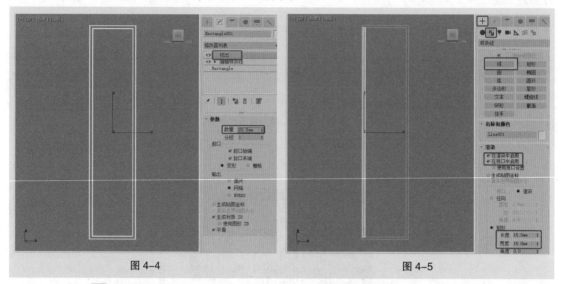

图 4-4　　　　　　　　　　　　　　　图 4-5

（5）选择 ✜（选择并移动）工具，在按住 Shift 键的同时移动并复制样条线，如图 4-6 所示。

（6）单击"➕（创建）>⊞（图形）>样条线 > 线"按钮，在"前"视图中创建图 4-7 所示的图形。

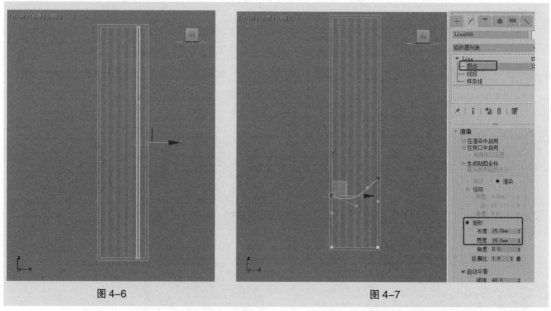

图 4-6　　　　　　　　　　　　　　　图 4-7

（7）为图形添加"挤出"修改器，在"参数"卷展栏中设置"数量"为 20mm，效果如图 4-8 所示。

（8）使用相同的方法在上方创建图形并添加"挤出"修改器，如图 4-9 所示。

（9）使用相同的方法复制出上方图形的边框，并对单扇屏风模型进行复制，效果如图 4-10 所示。

（10）在场景中旋转单扇屏风，效果如图 4-11 所示。中式屏风模型制作完成。

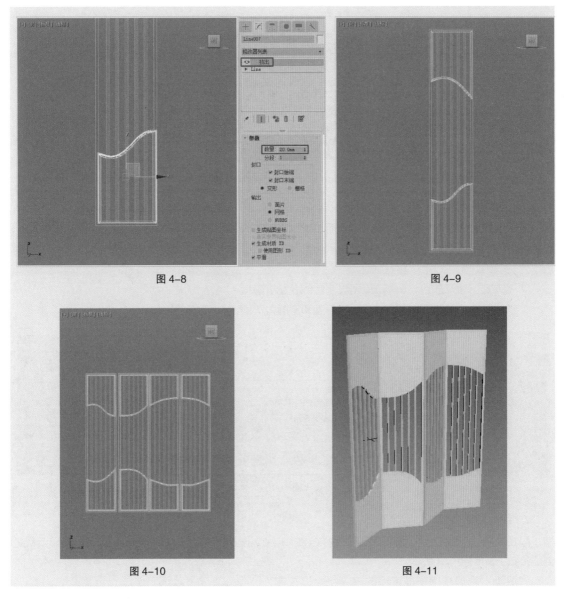

图 4-8　　　　　　　　　　　　　　　　图 4-9

图 4-10　　　　　　　　　　　　　　　　图 4-11

4.1.2　线

"线"按钮可以用于创建任何形状的开放型或封闭型的线。创建完成后，还可以通过调整节点来修改线的形态。下面介绍线的创建方法、线的创建参数和线的形态修改。

1. 线的创建方法

学习线的创建是学习创建其他二维图形的基础。创建线的操作步骤如下。

（1）单击" ✚（创建）> 🕜（图形）> 样条线 > 线"按钮。

（2）在"顶"视图中单击，确定线的起始点，移动鼠标指针到适当的位置并单击确定节点，生成一条直线段，如图 4-12 所示。

（3）移动鼠标指针到适当的位置，单击确定节点，按住鼠标左键拖曳鼠标，生成一条弧状的线，如图 4-13 所示。松开鼠标左键并移动鼠标指针到适当的位置，可以调整出新的曲线，单击确定节点，线的形态如图 4-14 所示。

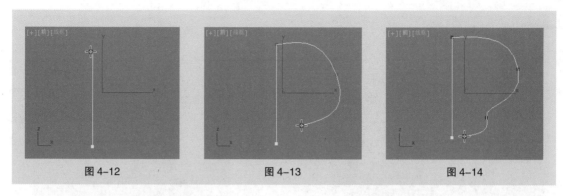

图 4-12   图 4-13   图 4-14

（4）移动鼠标指针到适当的位置，单击确定节点，可以生成一条新的直线段，如图 4-15 所示。如果需要创建封闭线，将指针移动到线的起始点上并单击，弹出"样条线"对话框，如图 4-16 所示，对话框询问用户是否闭合正在创建的线，单击"是"按钮即可闭合创建的线，如图 4-17 所示。若单击"否"按钮，则可以继续创建线。

如果需要创建开放线，可单击鼠标右键结束线的创建。

在创建线时，如果同时按住 Shift 键，可以创建出与坐标轴平行的直线。

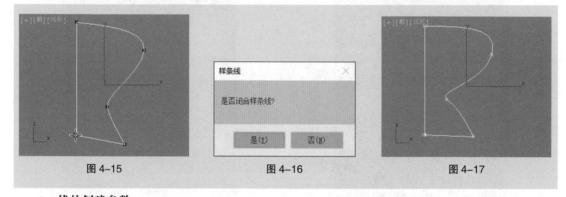

图 4-15   图 4-16   图 4-17

2. 线的创建参数

单击"＋（创建）> ⊙（图形）> 样条线 > 线"按钮。在"创建"命令面板下方会显示线的创建参数，如图 4-18 所示。

"渲染"卷展栏用于设置线的渲染特性，在其中可以选择是否对线进行渲染，并设定线的厚度。

在渲染中启用：勾选该复选框后，使用为渲染器设置的径向或矩形参数将图形渲染为 3D 网格。

在视口中启用：勾选该复选框后，使用为渲染器设置的径向或矩形参数将图形作为 3D 网格显示在视图中。

厚度：用于设置视图或渲染中线的直径。

边：用于设置视图或渲染中线的侧边数。

角度：用于调整视图或渲染中线的横截面旋转的角度。

"插值"卷展栏用于控制线的光滑程度。

图 4-18

步数：设置程序在每个节点之间使用的划分的数量。

优化：勾选该复选框后，可以从样条线的直线段中删除不需要的步数。

自适应：勾选该复选框后，系统将自动根据所绘的线调整分段数。

"创建方法"卷展栏用于确定所创建的线的类型。

初始类型：设置单击建立线时所创建的节点类型。

角点：用于建立折线，节点之间以直线连接（系统默认设置）。

平滑：用于建立线，节点之间以线连接，且线的曲率由节点之间的距离决定。

拖动类型：用于设置拖曳鼠标建立线时所创建的节点的类型。

角点：节点之间为直线。

平滑：节点之间为圆滑的线。

Bezier：节点之间为圆滑的线，线的曲率及方向是通过在节点处拖曳鼠标控制的（系统默认设置）。

3. 线的形态修改

线创建完成后，如果需要对它的形态进行修改，以得到满意的效果，就需要对节点进行调整。节点有 4 种类型，分别是 Bezier 角点、Bezier、角点和平滑。

下面介绍线的形态修改，操作步骤如下。

（1）单击"╋（创建）> ⬛（图形）> 样条线 > 线"按钮，在视图中创建一条线，如图 4-19 所示。

（2）切换到 ⬛（修改）命令面板，在修改命令堆栈中单击"Line"命令前面的 ▶，展开子层级命令，如图 4-20 所示。"顶点"启用后可以对节点进行修改操作，"线段"启用后可以对线段进行修改操作，"样条线"启用后可以对整条样条线进行修改操作。

（3）将选择集定义为"顶点"，这时视图中的线会显示出节点，如图 4-21 所示。

（4）单击要选择的节点将其选中，可以使用 ╋（选择并移动）工具调整顶点的位置。

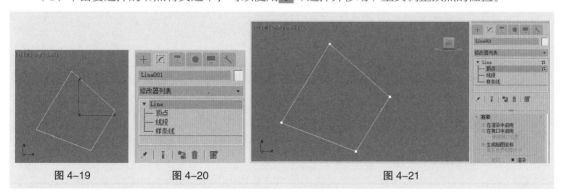

图 4-19　　　　图 4-20　　　　　　　图 4-21

线的形态还可以通过调整节点的类型来修改，操作步骤如下。

（1）单击"╋（创建）> ⬛（图形）> 样条线 > 线"按钮，在"顶"视图中创建一条线，如图 4-22 所示。

（2）切换到 ⬛（修改）命令面板，在修改命令堆栈中单击"Line"命令前面的 ▶，展开子层级命令，选中"顶点"命令，在视图中单击中间的节点将其选中，如图 4-23 所示。单击鼠标右键，弹出的快捷菜单中显示了所选择节点的类型，如图 4-24 所示。在快捷菜单中可以看出所选节点的类型为 Bezier。在快捷菜单中选择其他节点类型命令，节点的类型会随之改变。

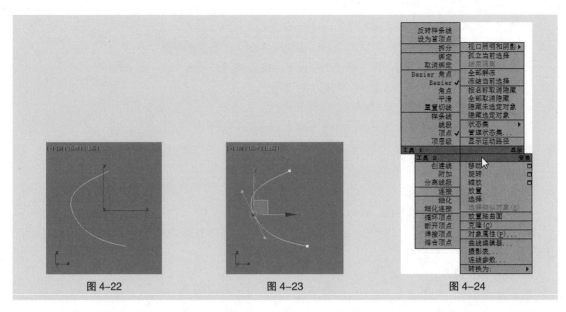

图 4-22　　　　　　　图 4-23　　　　　　　图 4-24

图 4-25 所示是 4 种节点类型，自左向右分别为 Bezier 角点、Bezier、角点和平滑，前两种类型的节点可以通过绿色的控制手柄进行调整，后两种类型的节点可以直接使用 ✛（选择并移动）工具进行位置的调整。

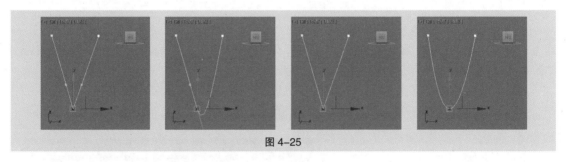

图 4-25

4. 线的修改参数

线创建完成后单击 ✎（修改）按钮，"修改"命令面板中会显示线的修改参数。线的修改参数分为 5 个部分，如图 4-26 所示。

"选择"卷展栏主要用于控制节点、线段和样条线 3 个次对象级别的选择，如图 4-27 所示。

▓（节点）级：单击该按钮，可进入节点级子对象层次。节点是样条线次对象的最低一级，因此，修改节点是编辑样条线对象最灵活的方法。

▨（线段）级：单击该按钮，可进入线段级子对象层次。线段是中间级别的样条线次对象，对它的修改比较少。

▨（样条线）级：单击该按钮，可进入样条线级子对象层次。样条线是样条线次对象的最高级别，对它的修改比较多。

以上 3 个进入子层级的按钮与修改命令堆栈中的命令是对应的，使用时有相同的效果。

"几何体"卷展栏中提供了大量关于样条线的几何参数，在建模中对线的修改主要通过对该卷展栏中的参数进行调节来完成，如图 4-28 所示。

创建线：用于创建一条线并把它加入当前线，使新创建的线与当前线成为一个整体。

断开：用于断开节点和线段。

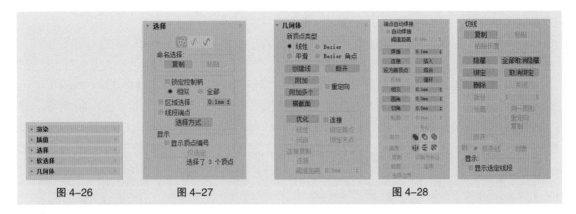

图 4-26　　　　　图 4-27　　　　　　　　　　　　图 4-28

单击"➕（创建）> ▣（图形）> 样条线 > 线"按钮，在"顶"视图中创建一条线，如图 4-29 所示。将闭合的线断开的方法有以下两种。

第一种方法：在修改命令堆栈中选中"顶点"命令，在视图中，在要断开的节点上单击将其选中，单击"断开"按钮，节点被断开，移动节点，可以看到节点已经被断开，如图 4-30 所示。

第二种方法：在修改命令堆栈中选中"线段"命令，然后单击"断开"按钮，将鼠标指针移到线上，鼠标指针变为 ⚡ 形状，如图 4-31 所示，在线上单击，线被断开，如图 4-32 所示。

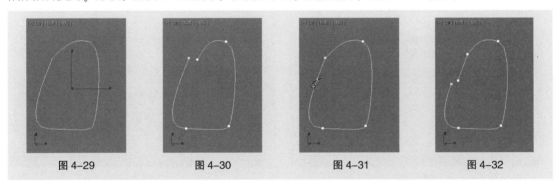

图 4-29　　　　　　图 4-30　　　　　　　图 4-31　　　　　　　图 4-32

附加：用于将场景中的二维图形与当前线结合，使它们变为一个整体。场景中存在两个及以上的二维图形时该按钮才可用。

单击一条线将其选中，然后单击"附加"按钮，在视图中单击另一条线，两条线就会结合成一个整体，如图 4-33 所示。

附加多个：原理与"附加"相同，区别在于单击该按钮后，将弹出"附加多个"对话框，对话框中会显示出场景中线的名称，如图 4-34 所示，用户可以在该对话框中选择多条线，然后单击"附加"按钮，将选择的线与当前选择的线结合为一个整体。

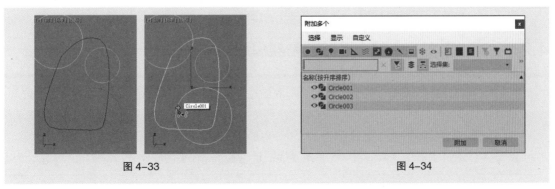

图 4-33　　　　　　　　　　　　　　　　图 4-34

优化：用于在不改变线的形态的前提下在线上插入节点。

单击"优化"按钮，在线上单击即可在单击位置插入新的节点，如图 4-35 所示。

圆角：用于在选择的节点处创建圆角。

在视图中单击要修改的节点将其选中，然后单击"圆角"按钮，将鼠标指针移到被选择的节点上，按住鼠标左键不放并进行拖曳，节点处会形成圆角，如图 4-36 所示，也可以通过在数值框中输入数值或调节微调器 ÷ 来设置圆角。

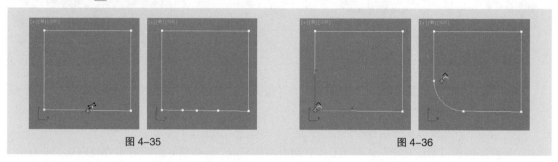

图 4-35   图 4-36

切角：其操作方法与"圆角"按钮相同，但创建的是切角，如图 4-37 所示。

轮廓：用于给选择的线设置轮廓，用法和"圆角"按钮相同，如图 4-38 所示，该命令仅在样条线层级有效。

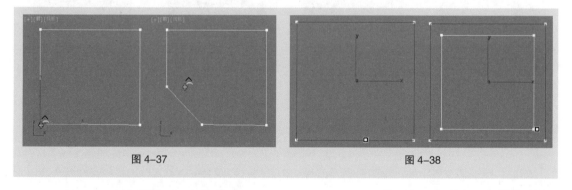

图 4-37   图 4-38

4.2　创建基本二维图形

3ds Max 提供了一些具有固定形态的二维图形，这些图形的造型比较简单，但各具特点。通过对二维图形参数的设置，能产生很多新图形。二维图形也是建模中常用的几何图形。

二维图形是创建复合物体、表面建模和制作动画的重要组成部分。用二维图形能创建出 3ds Max 内置几何体中没有的特殊模型。创建二维图形是最主要的一种建模方法。

4.2.1　课堂案例——制作墙壁置物架模型

【案例学习目标】熟悉多边形、线和矩形的创建，以及配合修改器和"移动"工具进行位置的调整和图形的复制。

【案例知识要点】使用"多边形""线""矩形"工具，创建并调整样条线，设置样条线可渲染，结合使用其他的工具和"挤出"修改器完成墙壁置物架模型的制作，效果如图 4-39 所示。

【素材文件位置】云盘 / 贴图。

【模型文件所在位置】云盘 / 场景 /Ch04/ 墙壁置物架模型 .max。

【参考模型文件所在位置】云盘 / 场景 /Ch04/ 墙壁置物架 .max。

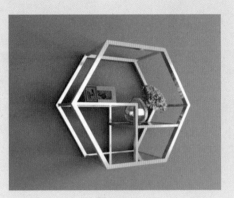

制作墙壁置
物架模型

图 4-39

（1）单击"➕（创建）> （图形）> 样条线 > 多边形"按钮，在"前"视图中创建多边形，在"参数"卷展栏中设置"半径"为 600mm、"边数"为 6；在"渲染"卷展栏中勾选"在渲染中启用"和"在视口中启用"复选框，选择渲染类型为"矩形"，设置"长度"为 35mm、"宽度"为 35mm，如图 4-40 所示。

（2）选中多边形，按 Ctrl+V 组合键，在弹出的"克隆选项"对话框中选择"实例"单选项，单击"确定"按钮，如图 4-41 所示。

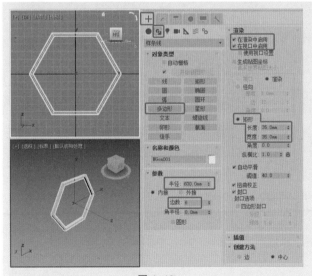

图 4-40

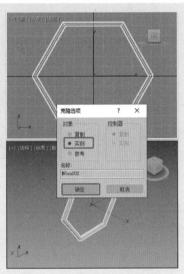

图 4-41

（3）在场景中调整模型的位置，如图 4-42 所示。

（4）选择"线"工具，在场景中创建两个多边形之间的连接支架，在"渲染"卷展栏中勾选"在渲染中启用"和"在视口中启用"复选框，选择渲染类型为"矩形"，设置"长度"为 25mm、"宽度"为 25mm，如图 4-43 所示。

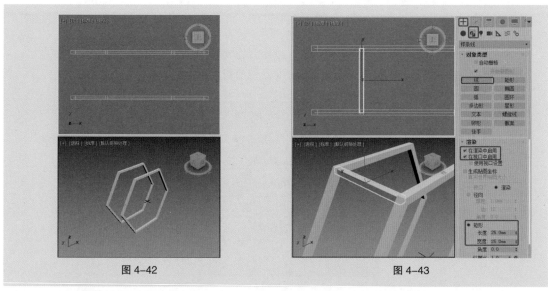

图 4-42　　　　　　　　　　　　　　　　　图 4-43

（5）选择 ✛（选择并移动）工具，按住 Shift 键的同时，移动并复制线到每个拐角处，如图 4-44 所示。

（6）选择"线"工具，在"前"视图中创建图 4-45 所示的可渲染的样条线。

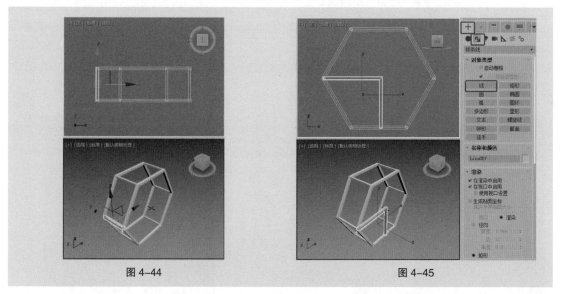

图 4-44　　　　　　　　　　　　　　　　　图 4-45

（7）选择"矩形"工具，在"顶"视图中创建矩形作为层板，大小合适即可，如图 4-46 所示。

（8）为矩形添加"挤出"修改器，在"参数"卷展栏中设置"数量"为 15mm，如图 4-47 所示。

（9）在场景中继续创建层板和支架，墙壁置物架模型制作完成，效果如图 4-48 所示。

4.2.2　矩形

"矩形"按钮用于创建矩形。下面介绍矩形的创建方法及其参数。

1. 创建矩形

矩形的创建比较简单，操作步骤如下。

（1）单击"✛（创建）> ◉（图形）> 样条线 > 矩形"按钮。

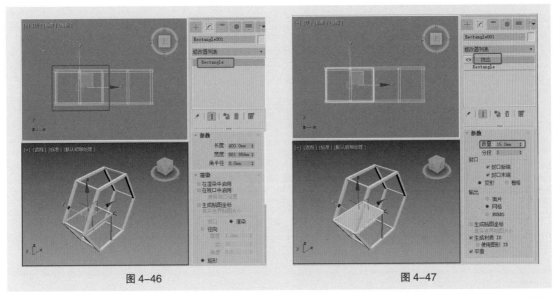

图 4-46　　　　　　　　　　　　　　　　　　图 4-47

（2）将鼠标指针移到视图中，按住鼠标左键进行拖曳，视图中生成一个矩形，移动鼠标指针调整矩形大小，在适当的位置松开鼠标左键，矩形创建完成，如图4-49所示。如果创建矩形时按住Ctrl键，可以创建出正方形。

2．矩形的参数

单击矩形将其选中，然后单击 （修改）按钮，"修改"命令面板中会显示矩形的参数，如图4-50所示。

长度：用于设置矩形的长度值。

宽度：用于设置矩形的宽度值。

角半径：用于设置矩形的4个角是直角还是有弧度的圆角。若其值为0，则矩形的4个角都为直角。

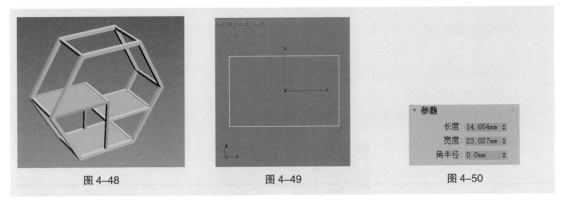

图 4-48　　　　　　　　　图 4-49　　　　　　　　　图 4-50

4.2.3　多边形

使用"多边形"按钮可以创建任意边数的正多边形，也可以创建圆角多边形。下面介绍多边形的创建方法及其参数。

1．创建多边形

多边形的创建方法比较简单，操作步骤如下。

（1）单击" ＋ （创建）> ⟳ （图形）> 样条线 > 多边形"按钮。

（2）将鼠标指针移到视图中，按住鼠标左键进行拖曳，视图中生成一个多边形，移动鼠标指针调整多边形的大小，在适当的位置松开鼠标左键，多边形创建完成，如图 4-51 所示。

2. 多边形的参数

单击多边形将其选中，单击 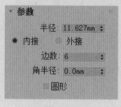（修改）按钮，"修改"命令面板中会显示多边形的参数，如图 4-52 所示。

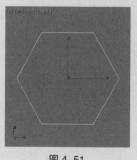

图 4-51

图 4-52

半径：用于设置多边形的半径。

内接：使输入的半径值为多边形的中心到其边界的距离。

外接：使输入的半径值为多边形的中心到其顶点的距离。

边数：用于设置多边形的边数，其取值范围是 3 ~ 100。

角半径：用于设置多边形在顶点处的圆角半径。

圆形：勾选该复选框，可将正多边形设置为圆角多边形。

4.2.4　课堂案例——制作镜子模型

【案例学习目标】熟悉圆和矩形的创建，以及结合修改器和"移动"工具进行位置的调整和图形的复制。

【案例知识要点】使用"圆"和"矩形"工具，结合使用"扫描"和"挤出"修改器来完成镜子模型的制作，效果如图 4-53 所示。

【素材文件位置】云盘 / 贴图。

【模型文件所在位置】云盘 / 场景 /Ch04/ 镜子模型 .max。

【参考模型文件所在位置】云盘 / 场景 /Ch04/ 镜子 .max。

制作镜子模型

图 4-53

（1）单击" + （创建）> 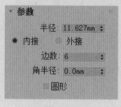（图形）> 样条线 > 圆"按钮，在"前"视图中创建圆形，在"参数"卷展栏中设置"半径"为 160mm，在"插值"卷展栏中设置"步数"为 12，如图 4-54 所示。

（2）单击"➕（创建）> 🎨（图形）> 样条线 > 矩形"按钮，在"顶"视图中创建矩形，在"参数"卷展栏中设置"长度"为12mm、"宽度"为10mm，如图4-55所示。

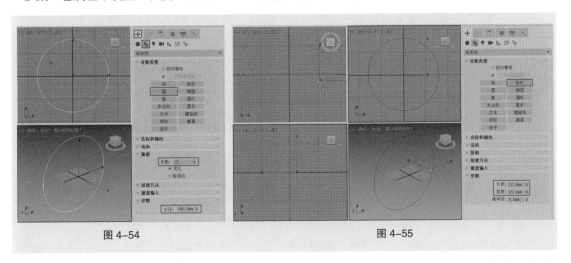

图 4-54   图 4-55

（3）选中圆形，切换到 🎨（修改）命令面板，为圆形添加"扫描"修改器，在"截面类型"卷展栏中选择"使用自定义截面"单选项，单击"拾取"按钮，在"顶"视图中单击矩形，效果如图4-56所示。

（4）按Ctrl+V组合键，在弹出的"克隆选项"对话框中选择"复制"单选项，单击"确定"按钮，如图4-57所示。

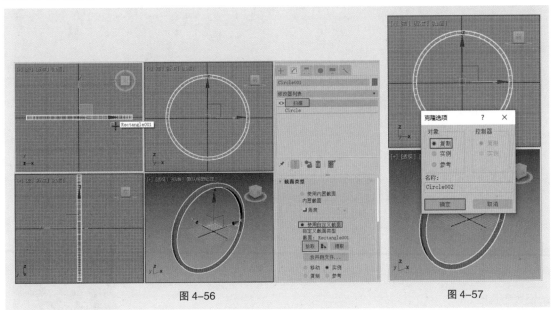

图 4-56   图 4-57

（5）切换到 🎨（修改）命令面板，在修改命令堆栈中选择"Circle"命令，在"参数"卷展栏中设置"半径"为190mm，如图4-58所示。

（6）按Ctrl+V组合键，在弹出的"克隆选项"对话框中选择"复制"单选项，单击"确定"按钮。切换到 🎨（修改）命令面板，在修改命令堆栈中选择"Circle"命令，在"参数"卷展栏中设置"半径"为220mm，调整模型的位置，制作出图4-59所示的效果。

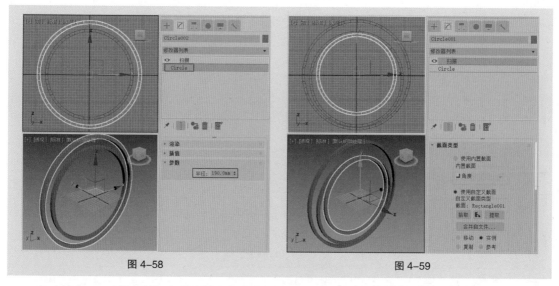

图 4-58   图 4-59

（7）按 Ctrl+V 组合键，在弹出的"克隆选项"对话框中选择"复制"单选项，单击"确定"按钮。在修改命令堆栈中删除"扫描"修改器，如图 4-60 所示。

（8）为圆形添加"挤出"修改器，在"参数"卷展栏中设置"数量"为 5mm，如图 4-61 所示。镜子模型制作完成，效果如图 4-62 所示。

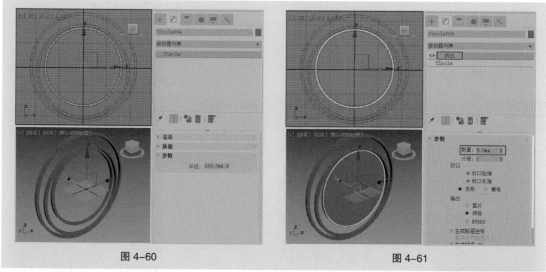

图 4-60   图 4-61

4.2.5 弧

"弧"按钮可用于建立弧线和扇形。下面介绍弧的创建方法及其参数的设置和修改。

1. 创建弧

弧有两种创建方法：一种是"端点－端点－中央"创建方法（系统默认设置），另一种是"中间－端点－端点"创建方法，如图 4-63 所示。

"端点－端点－中央"创建方法：建立弧时先引出一条直线段，以直线段的两个端点作为弧的两个端点，然后移动鼠标指针确定弧的半径。

"中间－端点－端点"创建方法：建立弧时先引出一条直线段作为弧

图 4-62

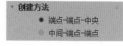

图 4-63

的半径，再移动鼠标指针确定弧长。

创建弧的操作步骤如下。

（1）单击"➕（创建）> ⚙（图形）> 样条线 > 弧"按钮。

（2）将鼠标指针移到视图中，按住鼠标左键进行拖曳，视图中生成一条直线段，如图 4-64 所示；松开鼠标左键并移动鼠标指针，调整弧的大小，如图 4-65 所示；在适当的位置单击，弧创建完成，如图 4-66 所示。图 4-66 中显示的是以"端点 – 端点 – 中央"方式创建的弧。

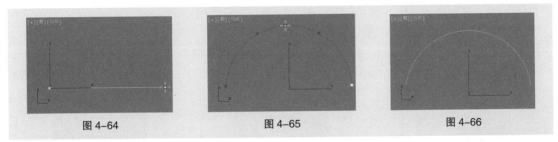

| 图 4-64 | 图 4-65 | 图 4-66 |

2. 弧的修改参数

单击弧将其选中，单击 ⚙（修改）按钮，"修改"命令面板中会显示弧的参数，如图 4-67 所示。

图 4-67

半径：用于设置弧的半径。

从：用于设置建立的弧在其所在圆上的起始点角度。

到：用于设置建立的弧在其所在圆上的结束点角度。

饼形切片：勾选该复选框，可分别把弧中心和弧的两个端点连接起来构成封闭的图形。

4.2.6 圆和椭圆

圆和椭圆的形态比较相似，创建方法基本相同。下面介绍圆和椭圆的创建方法及其参数。

1. 创建圆和椭圆

下面以圆形为例介绍创建方法，操作步骤如下。

（1）单击"➕（创建）> ⚙（图形）> 样条线 > 圆"按钮。

（2）将鼠标指针移到视图中，按住鼠标左键进行拖曳，视图中生成一个圆，移动鼠标指针调整圆的大小，在适当的位置松开鼠标左键，圆创建完成。在图 4-68 中，左图为圆，右图为椭圆。

2. 圆和椭圆的参数

单击圆或椭圆将其选中，然后单击 ⚙（修改）按钮，"修改"命令面板中会显示相应的参数，如图 4-69 所示。

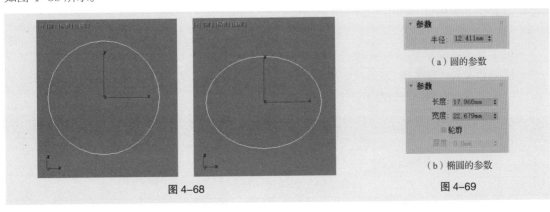

| 图 4-68 | 图 4-69 |

在"参数"卷展栏中，圆的参数只有"半径"；椭圆的参数有"长度"和"宽度"等，其中"长度"和"宽度"分别用于调整椭圆的长轴和短轴。

4.2.7　螺旋线

"螺旋线"按钮用于制作平面或空间中的螺旋线。下面介绍螺旋线的创建方法及其参数。

1. 创建螺旋线

螺旋线的创建方法与其他二维图形的创建方法有些不同，操作步骤如下。

（1）单击"➕（创建）> ⚙（图形）> 样条线 > 螺旋线"按钮。

（2）将鼠标指针移到视图中，按住鼠标左键进行拖曳，视图中生成一个圆形，如图 4-70 所示；松开鼠标左键并移动鼠标指针，调整螺旋线的高度，如图 4-71 所示；单击后移动鼠标指针，调整螺旋线顶圆半径的大小，再次单击，螺旋线创建完成，如图 4-72 所示。

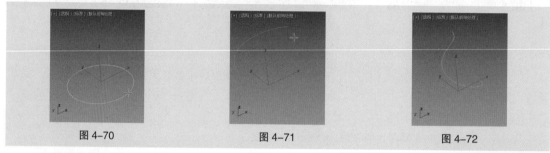

图 4-70　　　　　　　　图 4-71　　　　　　　　图 4-72

2. 螺旋线的参数

单击螺旋线将其选中，单击 ⚙（修改）按钮，"修改"命令面板中会显示螺旋线的参数，如图 4-73 所示。

图 4-73

半径 1：用于设置螺旋线底圆的半径。

半径 2：用于设置螺旋线顶圆的半径。

高度：用于设置螺旋线的高度。

圈数：用于设置螺旋线旋转的圈数。

偏移：用于设置在螺旋高度上，螺旋圈数的偏向强度，以表示螺旋线是靠近底圆还是靠近顶圆。

顺时针、逆时针：用于选择螺旋线旋转的方向。

4.2.8　课堂案例——制作 3D 文字模型

【案例学习目标】学习如何创建并编辑文本。

【案例知识要点】使用"文本"工具创建文字，使用"倒角"修改器完成 3D 文字模型的制作，效果如图 4-74 所示。

【素材文件位置】云盘 / 贴图。

【模型文件所在位置】云盘 / 场景 /Ch04/3D 文字模型 .max。

【参考模型文件所在位置】云盘 / 场景 /Ch04/3D 文字 .max。

图 4-74

制作 3D 文字模型

（1）单击"➕（创建）> 🗗（图形）> 样条线 > 文本"按钮，在"参数"卷展栏中选择合适的字体并设置合适的大小，在"文本"下的文本框中输入文本，在"顶"视图中单击，创建文本，如图 4-75 所示。

（2）切换到 🗗（修改）命令面板，在"修改器列表"中选择"倒角"修改器，在"倒角值"卷展栏中设置"级别 1"的"高度"为 1、"轮廓"为 1；勾选"级别 2"复选框，设置"高度"为 5；勾选"级别 3"复选框，设置"高度"为 1、"轮廓"为 −1，如图 4-76 所示。3D 文字模型制作完成。

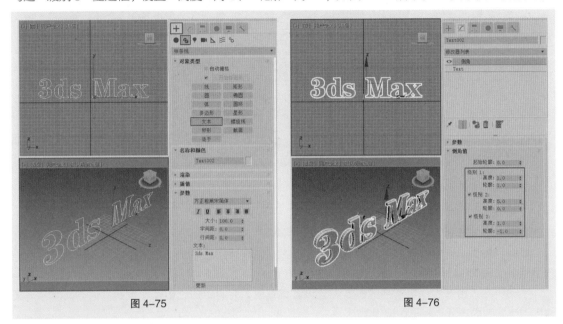

图 4-75　　　　　　　　　　　　　　　　　　　图 4-76

4.2.9　文本

"文本"按钮用于在场景中直接创建二维文字图形。下面介绍文本的创建方法及其参数。

1. 创建文本

文本的创建方法很简单，操作步骤如下。

（1）单击"➕（创建）> 🗗（图形）> 样条线 > 文本"按钮，设置文本相关参数，在"文本"下的文本框中输入要创建的文本内容，如图 4-77 所示。

（2）将鼠标指针移到视图中并单击，文本创建完成，如图 4-78 所示。

2. 文本的参数

单击文本将其选中，单击 🗗（修改）按钮，"修改"命令面板中会显示文本的参数。

字体下拉列表框：用于选择文本的字体。

I 按钮：用于设置斜体字体。

U 按钮：用于设置下划线。

▤ 按钮：用于设置文本向左对齐。

▤ 按钮：用于设置文本居中对齐。

▤ 按钮：用于设置文本向右对齐。

▤ 按钮：用于设置文本两端对齐。

大小：用于设置文字的大小。

字间距：用于设置文字之间的距离。

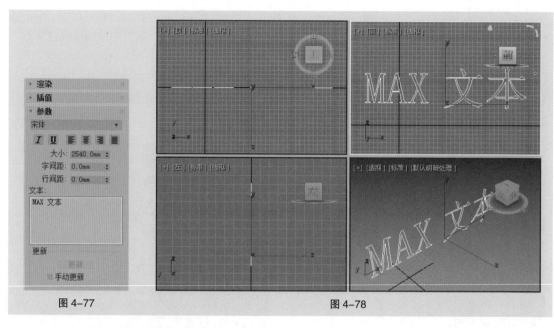

图 4-77　　　　　　　　　　　　　　　图 4-78

行间距：用于设置行与行之间的距离。

文本：用于输入文本内容，同时也可以进行改动。

更新：用于设置修改完文本内容后，视图是否立刻进行更新显示。当文本内容非常复杂时，系统可能很难完成自动更新，此时可选择手动更新方式。

手动更新：用于手动更新视图。当勾选该复选框时，只有单击"更新"按钮后，"文本"下文本框中当前的内容才会显示在视图中。

4.3　课堂练习——制作回形针模型

【练习知识要点】使用"可渲染的线"命令对线进行调整，完成回形针模型的制作，如图 4-79 所示。

【素材文件位置】云盘 / 贴图。

【参考模型文件所在位置】云盘 / 场景 /Ch04/ 回形针 .max。

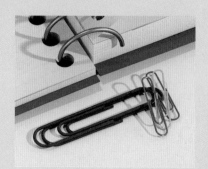

制作回形针
模型

图 4-79

4.4 课后习题——制作扇形画框模型

【**习题知识要点**】使用"可渲染的弧"和"可渲染的线"命令对线进行调整，制作扇形画框模型，如图 4-80 所示。

【**素材文件位置**】云盘 / 贴图。

【**参考模型文件所在位置**】云盘 / 场景 /Ch04/ 扇形画框 .max。

制作扇形画框模型

图 4-80

第5章

创建三维模型

05

▶ **本章介绍**

　　本章主要对常用的修改命令进行介绍，使用修改命令可以使几何体的形态发生改变。通过本章的学习，读者可以掌握常用修改命令的使用方法，创建出较为复杂的三维模型。

知识目标

● 熟悉"修改"命令面板
● 熟悉二维图形转化为三维模型的常用命令
● 熟悉三维变形修改器

第 5 章简介

能力目标

● 掌握"修改"命令面板的使用方法
● 掌握二维图形转化为三维模型的常用方法
● 掌握三维变形修改器的使用方法

素养目标

● 培养学生举一反三的学习能力
● 培养学生锐意进取的学习精神

5.1 "修改"命令面板功能概述

通过"修改"命令面板可以直接对几何体进行修改，还能实现修改命令之间的切换。接下来介绍"修改"命令面板的一些基本功能和应用。

创建几何体后，切换到 ⬚（修改）命令面板，面板中显示的是几何体的参数。当对几何体进行修改命令编辑后，修改命令堆栈中就会显示修改命令的参数，如图5-1所示。

修改器列表：用于选择修改命令，单击该按钮后会弹出下拉列表，在其中可以选择要使用的修改命令。

修改命令堆栈：用于显示使用的修改命令。

 ◉（修改命令开关）：用于开启和关闭修改命令。单击后会变为 ◯ ，表示该命令被关闭，被关闭的命令不再对物体产生影响，再次单击此按钮，命令会重新开启。

 🗑（从堆栈中移除修改器）：用于删除命令，在修改命令堆栈中选择修改命令，单击"塌陷"按钮，即可删除修改命令，修改命令对几何体进行过的编辑也会被撤销。

 🖾（配置修改器集）：用于对修改命令的布局进行重新设置，可以将常用的命令以列表或按钮的形式表现出来。

在修改命令堆栈中，有些命令左侧有 ▶ 按钮，如图5-2所示。该按钮表示对应的命令拥有子层级命令，单击此按钮，子层级就会打开，然后可以选择子层级命令，如图5-3所示。选择子层级命令后，该命令会变为蓝色，表示已被启用。

图5-1

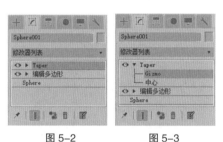

图5-2　　　　　图5-3

5.2 二维图形转化为三维模型的方法

前面介绍了二维图形的创建。通过对二维图形基本参数的修改，可以创建出各种形状的图形，但如何把二维图形转化为立体的三维模型并应用到建模中呢？本节将介绍使用修改命令将二维图形转化为三维模型的方法。

5.2.1 课堂案例——制作花瓶模型

【案例学习目标】熟悉"车削"修改器的使用方法。

【案例知识要点】使用"线"工具创建花瓶的截面图形，使用"车削"修改器制作出花瓶模型，效果如图5-4所示。

【素材文件位置】云盘/贴图。

【模型文件所在位置】云盘/场景/Ch05/花瓶模型.max。

【参考模型文件所在位置】云盘/场景/Ch05/花瓶.max。

图 5-4

（1）单击"➕（创建）> 🎨（图形）> 样条线 > 线"按钮，在"前"视图中创建花瓶的截面图形，切换到 🔧（修改）命令面板，选择"顶点"选择集，调整图形的形状，如图 5-5 所示。

（2）为图形添加"车削"修改器，在"参数"卷展栏中设置"分段"为 50，选择"方向"为 Y，将选择集定义为"轴"，如图 5-6 所示。

图 5-5   图 5-6

（3）在场景中选择车削的模型，按 Ctrl+V 组合键，在弹出的对话框中选择"复制"单选项，如图 5-7 所示，单击"确定"按钮。

（4）在修改命令堆栈中选择"线段"选择集，在场景中删除多余的线段，只留下图 5-8 所示的线段。

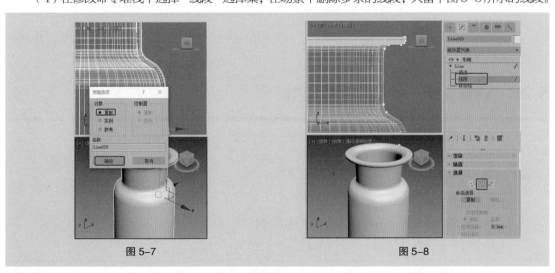

图 5-7   图 5-8

（5）将选择集定义为"样条线"，在场景中选择样条线，在"几何体"卷展栏中单击"轮廓"按钮，设置一个较小的轮廓参数即可，如图5-9所示。

（6）将选择集定义为"顶点"，在"几何体"卷展栏中单击"圆角"按钮，在场景中设置图形两端顶点的圆角，如图5-10所示。

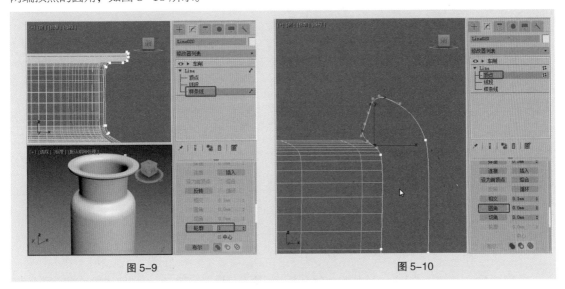

图5-9   图5-10

（7）关闭选择集，返回"车削"修改器，花瓶模型制作完成，效果如图5-11所示。

图5-11

5.2.2 "车削"命令

"车削"命令是通过绕轴旋转一个图形或NURBS曲线，生成三维模型的命令。下面介绍"车削"命令的使用方法。

1. 选择"车削"命令

对于所有修改命令，都必须在物体被选中时才能对命令进行选择。"车削"命令是用于对二维图形进行编辑的命令，所以只有选择二维图形后才能选择"车削"命令。

在视图中任意创建一个二维图形，首先单击 ☑ （修改）按钮，然后单击"修改器列表"按钮，在弹出的下拉列表中选择"车削"命令，如图5-12所示。

2. "车削"命令的参数

选择"车削"命令后，"修改"命令面板中会显示"车削"命令的参数，如图5-13所示。

度数：设置旋转的角度。

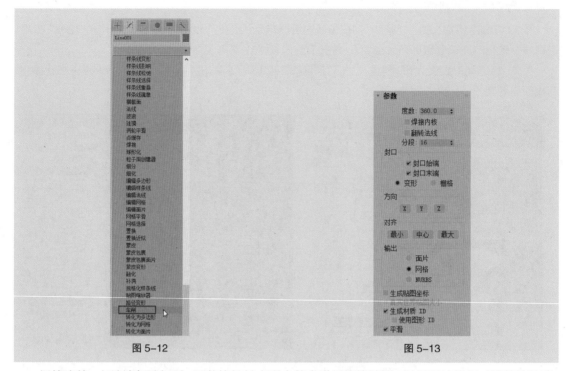

图 5-12   图 5-13

焊接内核：勾选该复选框后，可将旋转轴上重合的点进行焊接精简，以得到结构相对简单的造型。

翻转法线：勾选该复选框后，将会翻转造型表面的法线方向。

封口始端：勾选该复选框后，可将挤出的对象顶端加面覆盖。

封口末端：勾选该复选框后，可将挤出的对象底端加面覆盖。

变形：选择该单选项，将不进行面的精简计算，以便用于变形动画的制作。

栅格：选择该单选项，将进行面的精简计算，但不能用于变形动画的制作。

"方向"选项组用于设置旋转中心轴的方向。X、Y、Z 分别用于设置不同的轴向。系统默认 y 轴为旋转中心轴。

"对齐"选项组用于设置曲线与中心轴线的对齐方式。

最小：将曲线内边界与中心轴线对齐。

中心：将曲线中心与中心轴线对齐。

最大：将曲线外边界与中心轴线对齐。

5.2.3 "扫描"命令

"扫描"命令用于沿着基本样条线或 NURBS 曲线路径挤出横截面。

创建结构细节、建模细节或任何需要沿着样条线挤出截面的情况时，"扫描"修改器都非常有用。

在场景中选择需要添加"扫描"修改器的图形，添加"扫描"修改器后可以显示出与其相关的卷展栏，如图 5-14 所示。

下面先介绍一下"截面类型"卷展栏。

使用内置截面：选择该单选项后可使用一个内置的备用截面。

"内置截面"组：单击箭头按钮可以在弹出的下拉列表中看到内置的截面。

● 🔲角度　　　　　角度截面：沿着样条线扫描结构角度截面（默认选项）。

● 🔲条　　　　　　条截面：沿着样条线扫描 2D 矩形截面。

● 🔲通道　　　　　通道截面：沿着样条线扫描结构通道截面。

● ⬡ 圆柱体 ▦▦▦▦ 圆柱体截面：沿着样条线扫描实心2D 圆截面。

● ⬡ 半圆 ▦▦▦▦ 半圆截面：沿着样条线该截面生成一个半圆挤出。

● ◎ 管道 ▦▦▦▦ 管道截面：沿着样条线扫描圆形空心管道截面。

● ◫ 1/4 圆 ▦▦▦▦ 四分之一圆截面：用于建模细节，沿着样条线该截面生成一个四分之一圆形挤出。

● ⊤ T 形 ▦▦▦▦ T 形截面：沿着样条线扫描结构 T 形截面。

● ▣ 管状体 ▦▦▦▦ 管状体截面：根据方形，沿着样条线扫描空心管道截面，与管道截面类似。

● ⊥ 宽法兰 ▦▦▦▦ 宽法兰截面：沿着样条线扫描结构宽法兰截面。

● ◎ 卵形 ▦▦▦▦ 卵形截面：沿着样条线扫描结构卵形截面。

● ◎ 椭圆 ▦▦▦▦ 椭圆截面：沿着样条线扫描结构椭圆截面。

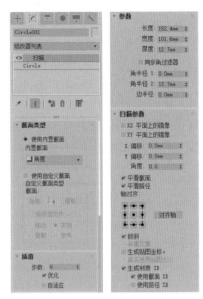

图 5-14

使用自定义截面：如果已经创建了自己的截面，或者当前场景中含有另一个形状，或者想要使用另一个 MAX 文件作为截面，那么可以选择该选项。

● 截面：显示所选择的自定义图形的名称。该区域为空白直到选择了自定义图形。

● 拾取：如果想要使用的自定义图形在视口中可见，那么可以单击"拾取"按钮，然后直接从场景中拾取图形。

● 提取：在场景中创建一个新图形，这个新图形可以是副本、实例或当前自定义截面的参考，单击该按钮将打开"提取图形"对话框。

● 合并自文件：选择储存在另一个 MAX 文件中的截面，单击该按钮将打开"合并文件"对话框。

● 移动：沿着指定的样条线扫描自定义截面。与"实例""副本""参考"开关不同，选中的截面会向样条线移动。在视口中编辑原始图形不影响"扫描"网格。

● 复制：沿着指定样条线扫描选中截面的副本。

● 实例：沿着指定样条线扫描选定截面的实例。

● 参考：沿着指定样条线扫描选中截面的参考。

"扫描"修改器的"插值"卷展栏中控件的工作方式，与它们对任何其他样条线所执行的操作完全一样。但是，控件只影响选中的内置截面，而不影响截面扫描所沿的样条线。

● 步数：设置 3ds Max 在每个内置的截面顶点间所使用的分割数（或步数）。带有急剧曲线的样条线需要许多步数才能显得平滑，而平缓曲线则需要较少的步数。

● 优化：勾选该复选框后，可以从样条线的直线段中删除不需要的步数（默认勾选）。

● 自适应：勾选该复选框后，可以自动设置每个样条线的步数，以生成平滑曲线。

"参数"卷展栏是上下文相关的，并且会根据所选择的沿着样条线扫描的内置截面显示不同的设置。例如，"角度"截面有 7 个可以更改的设置，而"1/4 圆"截面则只有一个设置。

"扫描参数"卷展栏用于设置扫描的截面参数设置。

● XZ 平面上的镜像：勾选该复选框后，截面相对于应用"扫描"修改器的样条线垂直翻转（默认不勾选）。

● XY 平面上的镜像：勾选该复选框后，截面相对于应用"扫描"修改器的样条线水平翻转（默认不勾选）。

● X 偏移：相对于基本样条线调整截面的水平位置。

● Y 偏移：相对于基本样条线调整截面的垂直位置。

● 角度：相对于基本样条线所在的平面旋转截面。

● 平滑截面：勾选该复选框，系统将提供平滑曲面，该曲面环绕着沿基本样条线扫描的截面的周界（默认勾选）。

● 平滑路径：沿着基本样条线的长度提供平滑曲面。对曲线路径这类平滑十分有用（默认不勾选）。

● 轴对齐：提供帮助将截面与基本样条线路径对齐的 2D 栅格。可单价 9 个按钮中的一个来指定围绕样条线路径移动截面的轴。

● 对齐轴：激活该按钮后，"轴对齐"栅格在视口中以 3D 外观显示。只能看到 3×3 的对齐栅格、截面和基本样条线路径。实现满意的对齐效果后，就可以取消激活"对齐轴"按钮或右键单击以查看扫描。

● 倾斜：勾选该复选框后，只要路径弯曲并改变其局部 z 轴的高度，截面便围绕样条线路径旋转。

● 并集交集：如果使用多个交叉样条线，例如栅格，那么勾选该复选框后可以生成清晰且更真实的交叉点。

● 使用截面 ID：勾选该复选框后，使用指定给截面分段的材质 ID 值，该截面是沿着基本样条线或 NURBS 曲线扫描的（默认勾选）。

● 使用路径 ID：勾选该复选框后，使用指定给基本曲线中基本样条线或曲线子对象分段的材质 ID 值。

5.2.4 课堂案例——制作壁画模型

【案例学习目标】熟悉"挤出"和"倒角"修改器的使用方法。

【案例知识要点】使用"墙矩形"工具创建墙矩形，使用"挤出"和"倒角"修改器制作出壁画模型，效果如图 5-15 所示。

【素材文件位置】云盘 / 贴图。

【模型文件所在位置】云盘 / 场景 /Ch05/ 壁画模型 .max。

【参考模型文件所在位置】云盘 / 场景 /Ch05/ 壁画 .max。

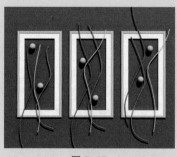

制作壁画模型

图 5-15

（1）单击"➕（创建）> ⬛（图形）> 扩展样条线 > 墙矩形"按钮，在"前"视图中创建墙矩形，在"参数"卷展栏中设置"长度"为 800mm、"宽度"为 400mm、"厚度"为 50mm，如图 5-16 所示。

（2）切换到 ⬛（修改）命令面板，在"修改器列表"中选择"挤出"修改器，在"参数"卷展栏中设置"数量"为 10mm，如图 5-17 所示。

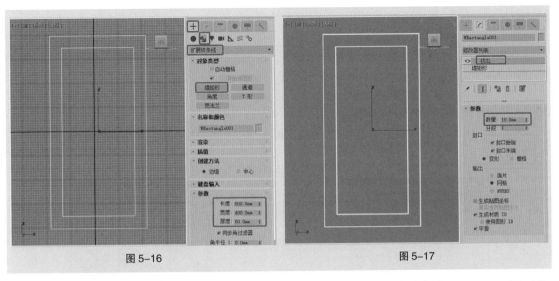

图 5-16   图 5-17

（3）使用相同的方法继续创建墙矩形，在"参数"卷展栏中设置"长度"为 850mm、"宽度"为 450mm、"厚度"为 25mm，如图 5-18 所示。

（4）为其添加"倒角"修改器，在"倒角值"卷展栏中设置"级别 1"中的"高度"为 10mm，勾选"级别 2"复选框，设置"高度"为 5mm、"轮廓"为 −5mm，如图 5-19 所示。

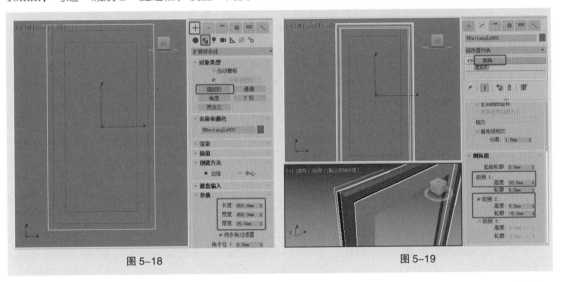

图 5-18   图 5-19

（5）制作出画框后，创建球体和可渲染的样条线作为装饰，如图 5-20 所示。壁画模型制作完成。

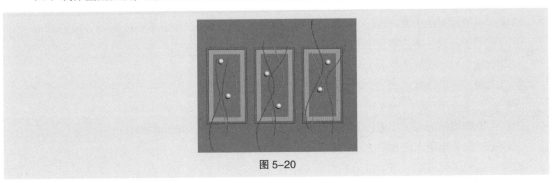

图 5-20

5.2.5　"挤出"命令

使用"挤出"命令可以给二维图形增加厚度，转化成三维模型。下面介绍"挤出"命令的参数和使用方法。

单击"➕（创建）> ⚙（图形）> 样条线 > 星形"按钮，在"透视"视图中创建一个星形，参数不用设置，如图 5-21 所示。

单击"修改器列表"按钮，在弹出的下拉列表中选择"挤出"命令，可以看到星形已经变为一个星形平面，如图 5-22 所示。

图 5-21　　　　　　　　　　　　　　　　　　　　图 5-22

在"参数"卷展栏的"数量"数值框中设置参数，模型的高度会随之变化，如图 5-23 所示。

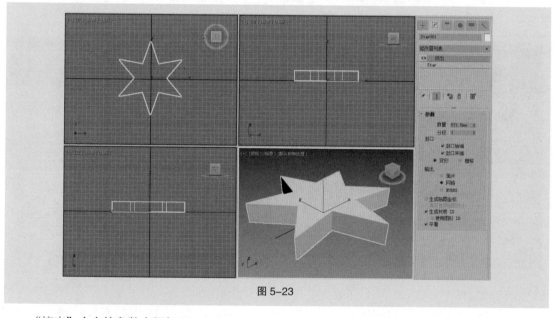

图 5-23

"挤出"命令的参数介绍如下。

数量：用于设置挤出的高度。

分段：用于设置在挤出高度上的段数。

封口始端：勾选该复选框后，可将挤出的对象顶端加面覆盖。

封口末端：勾选该复选框后，可将挤出的对象底端加面覆盖。

变形：选择该单选项，将不进行面的精简计算，以便用于变形动画的制作。

栅格：选择该单选项，将进行面的精简计算，但不能用于变形动画的制作。

"输出"选项组用于设置挤出的对象的输出类型。

面片：选择该单选项，可将挤出的对象输出为面片造型。

网格：选择该单选项，可将挤出的对象输出为网格造型。

NURBS：选择该单选项，可将挤出的对象输出为 NURBS 曲面造型。

"挤出"命令的用法比较简单，一般情况下，大部分参数保持为默认设置，只对"数量"的数值进行设置就能满足一般建模的需要。

5.2.6 "倒角"命令

"倒角"命令只用于二维图形的编辑，可以对二维图形进行挤出，还可以对图形边缘进行倒角。下面介绍"倒角"命令的参数和用法。

选择"倒角"命令的方法与选择"车削"命令相同，应先在视图中创建二维图形，选中二维图形后再选择"倒角"命令。

选择"倒角"命令后，"修改"命令面板中会显示相关参数，如图 5-24 所示。"倒角"命令的参数主要分为两部分。

1. "参数"卷展栏

"封口"选项组：用于对造型两端进行加盖控制。如果对两端都进行加盖处理，则成为封闭实体。

始端：勾选该复选框，可将开始截面封顶加盖。

末端：勾选该复选框，可将结束截面封顶加盖。

"封口类型"选项组：用于设置封口表面的构成类型。

变形：选择该单选项，将不处理表面，以便进行变形操作，制作变形动画。

栅格：选择该单选项，将进行表面网格处理。

"曲面"选项组：用于控制侧面的曲率和光滑度，并指定贴图坐标。

线性侧面：选择该单选项，将设置倒角内部片段划分为直线方式。

曲线侧面：选择该单选项，将设置倒角内部片段划分为弧形方式。

分段：用于设置倒角内部的段数。数值越大，倒角越圆滑。

级间平滑：勾选该复选框，将对倒角进行光滑处理，但总是保持顶盖不被光滑处理。

生成贴图坐标：勾选该复选框，将为造型指定贴图坐标。

"相交"选项组：用于在制作倒角时，改进因尖锐的折角而产生的突出变形。

避免线相交：勾选该复选框，可以防止尖锐折角产生的突出变形。

分离：用于设置两个边界线之间保持的距离间隔，以防止越界交叉。

2. "倒角值"卷展栏

"倒角值"卷展栏用于设置不同倒角级别的高度和轮廓。

起始轮廓：用于设置原始图形的外轮廓大小。

级别 1、级别 2、级别 3：可分别设置 3 个级别的高度和轮廓大小。

图 5-24

5.3 三维变形修改器

三维变形修改器可以对三维模型和特殊的图形进行变形操作，常用的三维变形修改器包括"锥化""弯曲"等。

5.3.1　课堂案例——制作果盘模型

【案例学习目标】熟悉"锥化"和"涡轮平滑"修改器的使用方法。

【案例知识要点】使用"圆柱体"工具创建基本几何体，使用"编辑多边形""锥化""涡轮平滑"修改器制作出果盘模型，效果如图 5-25 所示。

【素材文件位置】云盘 / 贴图。

【模型文件所在位置】云盘 / 场景 /Ch05/ 果盘模型 .max。

【参考模型文件所在位置】云盘 / 场景 /Ch05/ 果盘 .max。

制作果盘
模型

图 5-25

（1）单击"➕（创建）> ⬤（几何体）> 标准基本体 > 圆柱体"按钮，在"顶"视图中创建圆柱体，在"参数"卷展栏中设置"半径"为 260mm、"高度"为 100mm、"高度分段"为 1，如图 5-26 所示。

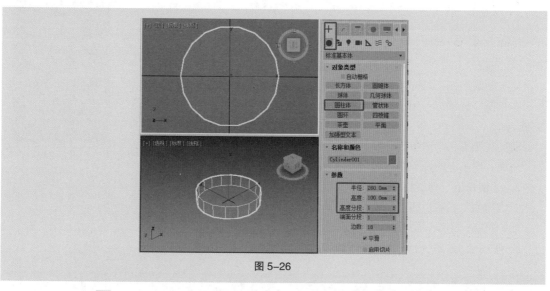

图 5-26

（2）切换到 ⚙（修改）命令面板，在"修改器列表"中选择"编辑多边形"修改器，将选择集定义为"多边形"，在"顶"视图中选择多边形，在"编辑多边形"卷展栏中单击"倒角"后的 ⬛ 按钮，在当前视图中出现的助手小盒中设置"倒角轮廓"为 -20mm，单击 ✅（确定）按钮，如图 5-27 所示。

（3）单击"挤出"后的■按钮，在当前视图中出现的助手小盒中设置"挤出多边形高度"为 -90mm，单击✅（确定）按钮，如图 5-28 所示。

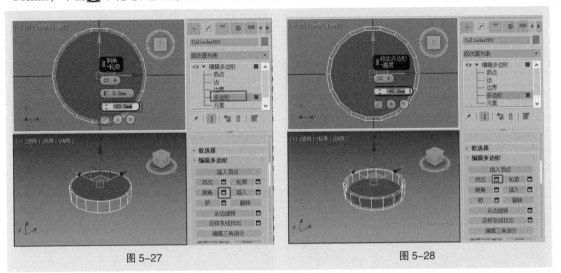

图 5-27　　　　　　　　　　　　　　　　图 5-28

（4）将选择集定义为"边"，在场景中选择图 5-29 所示的边，在"编辑边"卷展栏中单击"切角"后的■按钮，在当前视图中出现的助手小盒中设置"切角量"为 9.933mm、"切角分段"为 3，单击✅（确定）按钮，如图 5-30 所示。

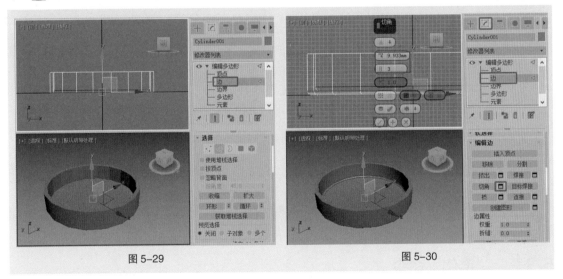

图 5-29　　　　　　　　　　　　　　　　图 5-30

（5）将选择集定义为"多边形"，在场景中选择图 5-31 所示的多边形。在"编辑多边形"卷展栏中单击"倒角"后的■按钮，在当前视图中出现的助手小盒中设置"倒角高度"为 38.632mm、"倒角轮廓"为 -6.264mm，单击✅（确定）按钮，如图 5-32 所示。

（6）确定当前选择的是多边形，按住 Ctrl 键的同时单击"选择"卷展栏中的 ◁（边）按钮，根据当前选择的多边形来选择边，如图 5-33 所示。

（7）选择边后，在"编辑边"卷展栏中单击"切角"后的■按钮，在当前视图中出现的助手小盒中设置"切角量"为 0.929mm、"切角分段"为 1，单击✅（确定）按钮，如图 5-34 所示。

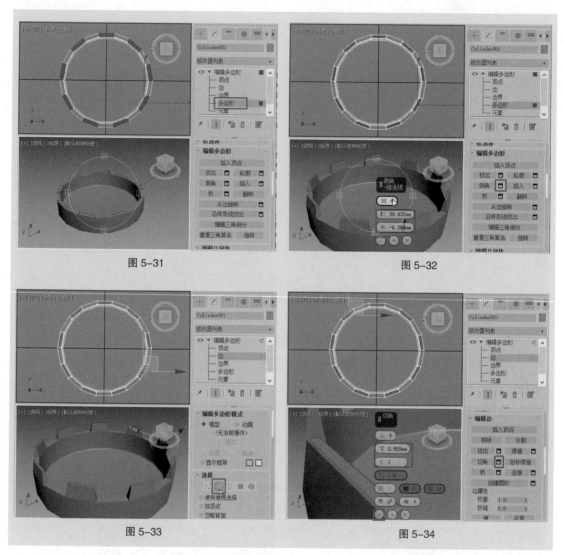

图 5-31　　　　　　　　　　　　　　图 5-32

图 5-33　　　　　　　　　　　　　　图 5-34

（8）关闭选择集，在"修改器列表"中选择"涡轮平滑"修改器，设置"迭代次数"为 2，如图 5-35 所示。

（9）在"修改器列表"中选择"锥化"修改器，在"参数"卷展栏中设置"数量"为 0.38，如图 5-36 所示。果盘模型制作完成。

5.3.2　"锥化"命令

"锥化"命令主要用于对物体进行锥化处理，通过缩放物体的两端而产生锥形轮廓，同时可以加入光滑的曲线轮廓。调节锥化的倾斜度和曲线轮廓的曲度，还能产生局部锥化效果。

1.　"锥化"命令的参数

单击"➕（创建）＞●（几何体）＞标准基本体＞圆柱体"按钮，在"透视"视图中创建一个圆柱体。切换到 ◢（修改）命令面板，然后单击"修改器列表"按钮，在弹出的下拉列表中选择"锥化"命令，"修改"命令面板中会显示"锥化"命令的参数，圆柱体周围会出现"锥化"命令的套框，如图 5-37 所示。

"锥化"命令的参数介绍如下。

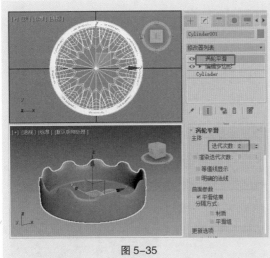

图 5-35

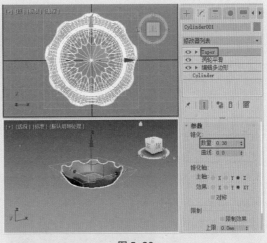

图 5-36

"锥化"选项组包含"数量"和"曲线"两个选项。

数量：用于设置锥化倾斜的程度。

曲线：用于设置锥化曲线的曲率。

"锥化轴"选项组用于设置锥化所依据的坐标轴向。

主轴：用于设置基本的锥化依据轴向。

效果：用于设置锥化所影响的轴向。

对称：勾选该复选框，将会产生相对于主坐标轴对称的锥化效果。

"限制"选项组用于控制锥化的影响范围。

限制效果：勾选该复选框，用户可以设置锥化影响的上限值和下限值。

图 5-37

上限、下限：用于设置锥化限制的区域。

2. "锥化"命令的参数的修改

对圆柱体应用"锥化"命令，在"数量"数值框中设置数值，即可使圆柱体产生锥化效果，不同的参数设置将产生不同的效果，如表 5-1 所示。圆柱体的参数均为系统默认设置。

表 5-1

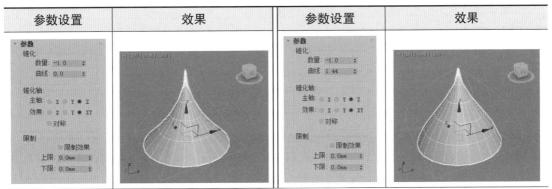

参数设置	效果	参数设置	效果

参数设置	效果	参数设置	效果

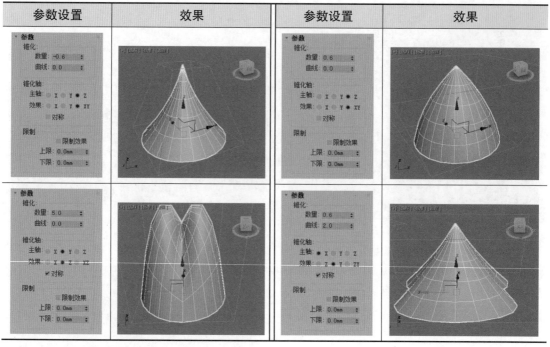

5.3.3 "涡轮平滑"命令

"涡轮平滑"命令用于平滑场景中的几何体，图5-38所示为"涡轮平滑"命令的参数。

迭代次数：设置网格细分的次数。增大该值时，每次新的迭代会通过在迭代之前对顶点、边和曲面创建平滑差补顶点来细分网格。修改器会细分曲面来使用这些新的顶点。默认值为10，取值范围为 0 ~ 10。

渲染迭代次数：勾选该复选框后，允许在渲染时设置一个不同数量的平滑迭代次数应用于对象。

等值线显示：勾选后，只显示等值线，对象在平滑之前的原始边。使用此复选框的好处是可减少混乱的显示。取消勾选该复选框后，会显示所有通过涡轮平滑添加的曲面。因此，更多的迭代次数会产生更多数量的线条。默认不勾选该复选框。

图 5-38

明确的法线：不勾选该复选框后，允许"涡轮平滑"修改器为输出计算法线，此方法要比3ds Max 中网格对象平滑组中用于计算法线的标准方法快。默认不勾选该复选框。

平滑结果：勾选该复选框后，对所有曲面应用相同的平滑组。

按"材质"分隔：防止在不共享材质 ID 的曲面之间的边创建新曲面。

按"平滑组"分隔：防止在不共享至少一个平滑组的曲面之间的边上创建新曲面。

始终：选择该单选项，无论何时改变任何涡轮平滑设置都自动更新对象。

渲染时：选择该单选项，只在渲染时更新对象的视口显示。

手动：选择该单选项，启用手动更新，此时改变的任意设置在单击"更新"按钮后才起作用。

更新：更新视口中的对象来匹配当前涡轮平滑设置。仅在选择"渲染时"或"手动"单选项时才起作用。

5.3.4 "弯曲"命令

"弯曲"命令是一个比较简单的命令,可以使物体产生弯曲效果。使用"弯曲"命令后,可以调节弯曲的角度和方向以及弯曲所依据的坐标轴向,还可以将弯曲修改限制在一定区域内。

1. "弯曲"命令的参数

单击"＋(创建)>●(几何体)> 标准基本体 > 圆柱体"按钮,在视图中创建一个圆柱体,切换到☑(修改)命令面板,然后单击"修改器列表"按钮,在弹出的下拉列表中选择"弯曲"命令,"修改"命令面板中会显示"弯曲"命令的参数,"圆柱体"周围会出现"弯曲"命令的套框,如图 5-39所示。

"弯曲"命令的参数介绍如下。

"弯曲"选项组用于设置弯曲的角度和方向。

角度:设置沿垂直面弯曲的角度大小。

方向:设置弯曲相对于水平面的方向。

"弯曲轴"选项组用于设置弯曲所依据的坐标轴向。

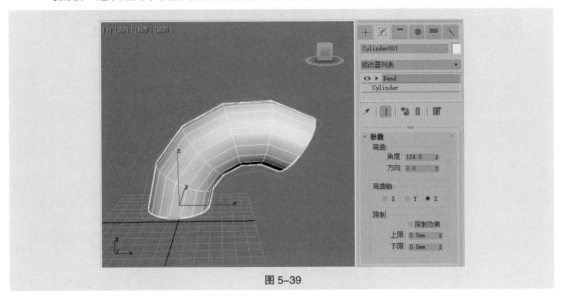

图 5-39

X、Y、Z:指定将被弯曲的轴。

"限制"选项组用于控制弯曲的影响范围。

限制效果:勾选该复选框,可以限制影响的范围,其影响区域由下面的"上限""下限"的数值确定。

上限:设置弯曲的上限,在此限度以上的区域将不会受到弯曲的影响。

下限:设置弯曲的下限,在此限度与上限之间的区域将受到弯曲的影响。

2. "弯曲"命令的参数的修改

在"修改"命令面板中对"角度"的数值进行调整,圆柱体会随之发生弯曲,如图 5-40 所示。

将"角度"设置为 90°,依次选择"弯曲轴"选项组中的 3 个轴向,圆柱体的弯曲方向会随之发生变化,如图 5-41 所示。

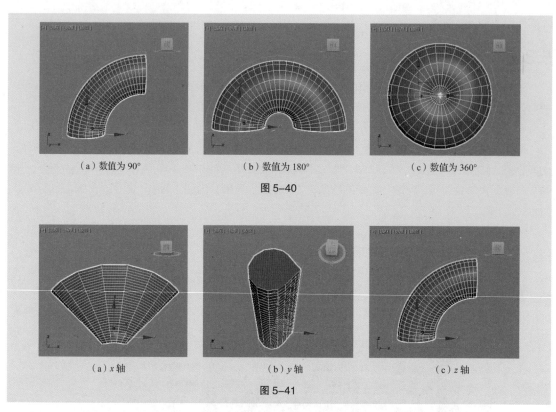

（a）数值为 90°　　　　　　（b）数值为 180°　　　　　　（c）数值为 360°

图 5-40

（a）x 轴　　　　　　　　　（b）y 轴　　　　　　　　　（c）z 轴

图 5-41

几何体的分段数与弯曲效果也有很大关系。几何体的分段数越多，表面就越光滑。对于同一几何体，其余参数不变，如果改变几何体的分段数，其形态会发生很大变化。

在修改命令堆栈中单击"弯曲"命令前面的 ▶ 按钮，展开子层级命令，如图 5-42 所示。选择"Gizmo"命令，视图中出现黄色的套框，如图 5-43 所示。

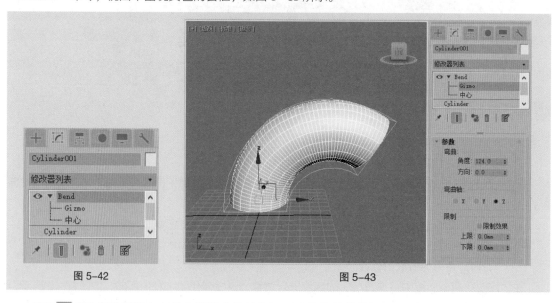

图 5-42　　　　　　　　　　　　　　　　图 5-43

使用 ✛（选择并移动）工具在视图中移动套框，圆柱体的弯曲形态会随之发生变化，如图 5-44 所示。

选择"中心"命令，视图中弯曲中心点的颜色会变为橘黄色，如图5-45所示，使用 ✛（选择并移动）工具改变弯曲中心点的位置，圆柱体的弯曲形态会随之发生变化。

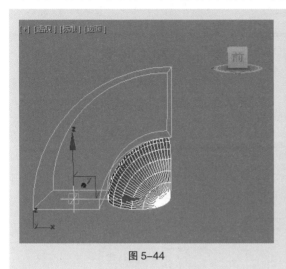
图 5-44

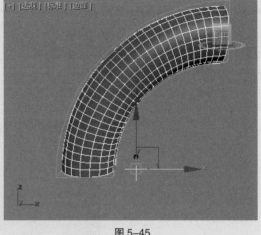
图 5-45

5.4　课堂练习——制作餐椅模型

【练习知识要点】使用"矩形"工具，结合使用"编辑样条线""挤出""弯曲"修改器制作椅背；创建图形，使用"挤出"修改器制作出椅座；创建并调整可渲染的线，制作出支架，效果如图5-46所示。

【素材文件位置】云盘 / 贴图。

【参考模型文件所在位置】云盘 / 场景 /Ch05/ 餐椅 .max。

制作餐椅
模型

图 5-46

5.5 | 课后习题——制作石膏线模型

【习题知识要点】使用"矩形"和"圆"工具，结合使用"编辑样条线"和"扫描"修改器制作石膏线模型，效果如图 5-47 所示。

【素材文件位置】云盘 / 贴图。

【参考模型文件所在位置】云盘 / 场景 /Ch05/ 石膏线 .max。

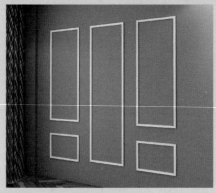

制作石膏线
模型

图 5-47

第 6 章

06

创建复合对象

▶ ## 本章介绍

　　本章主要介绍复合对象的创建方法，以及布尔运算和放样变形命令的使用方法。通过本章的学习，读者可以掌握复合对象创建工具的使用技巧，制作出更丰富的效果。

知识目标

- 认识复合对象创建工具
- 认识布尔工具
- 认识放样工具

第 6 章简介

能力目标

- 掌握使用复合对象创建工具的方法
- 掌握布尔运算方法
- 掌握放样建模的方法

素养目标

- 培养学生融会贯通的学习能力
- 提高学生的空间想象力

6.1 复合对象创建工具概述

3ds Max 内置的基本模型是创建复合对象的基础，将多个内置模型组合在一起，可以产生各种各样的模型。"布尔"运算工具和"放样"工具曾是 3ds Max 的主要建模工具。虽然这两个建模工具已渐渐退出主要地位，但仍然可用于快速创建一些复杂模型。

复合对象就是将两个及以上的对象组合而成的一个新对象。本章介绍复合对象的创建工具，包括"变形""散布""一致""连接""水滴网格""图形合并""地形""放样""网格化""ProBoolean""ProCutter""布尔"。

在"创建"命令面板中打开下拉列表，从中选择"复合对象"选项，如图 6-1 所示，进入复合对象的创建面板。3ds Max 提供了 12 种复合对象的创建工具，如图 6-2 所示。

图 6-1

变形：一种与 2D 动画中的中间动画类似的动画技术。"变形"工具可以合并两个或多个对象，方法是插补第一个对象的顶点，使其与另外一个对象的顶点位置相符。如果随时执行这项插补操作，将会生成变形动画。

散布：将所选的源对象散布为阵列，或散布到分布对象的表面，可以使用该工具制作头发、胡须和草地等。

一致：通过将"包裹器"的顶点投影至另一个对象"包裹器对象"的表面创建复合对象，可以制作公路。

连接：使用该工具，可通过对象表面的"洞"连接两个或多个对象。执行此操作时，要删除每个对象的面，在其表面创建一个或多个洞，并确定洞的位置，以使洞与洞之间面对面，然后再应用"连接"工具。

图 6-2

水滴网格："水滴网格"工具可以通过几何体或粒子创建一组球体，还可以将球体连接起来，就好像这些球体是由液态物质构成的一样。如果球体在离另外一个球体的一定范围内移动，它们就会连接在一起。如果这些球体相互移开，将会重新显示球体的形状。

图形合并：使用"图形合并"工具可以创建包含网格对象和一个或多个图形的复合对象。这些图形嵌入在网格中（将更改边与面的模式），或从网格中消失。

地形：要创建地形，可以选择表示海拔轮廓的可编辑样条线，然后对样条线应用"地形"工具。

放样：放样对象是沿着第三个轴挤出的二维图形，该工具用于从两个或多个现有样条线对象中创建放样对象。这些样条线之一会作为路径，其余的样条线会作为放样对象的横截面或图形。

网格化："网格化"工具以每帧为基准将程序对象转化为网格对象，这样就可以应用修改器，如"弯曲"或"UVW 贴图"。它可用于任何类型的对象，但主要为使用粒子系统而设计。"网格化"工具对复杂修改器堆栈的低空的实例化对象同样有用。

ProBoolean："ProBoolean"工具在执行布尔运算之前，采用了 3ds Max 网格并增加了额外的智能。首先它组合了拓扑；然后确定共面三角形并移除附带的边；接着，不是在这些三角形上而是在 N 边形上执行布尔运算；完成布尔运算之后，对结果执行重复三角算法，最后在共面的边隐藏的情况下将结果发送回 3ds Max 中。这样额外工作的结果有双重意义：布尔对象的可靠性非常高；由于有更少的小边和三角形，因此结果输出更清晰。

3ds Max 核心应用案例教程（全彩慕课版）（3ds Max 2020）

ProCutter："ProCutter"工具能够执行特殊的布尔运算，主要目的是分裂或细分体积。ProCutter 运算的结果尤其适合在动态模拟中使用，在动态模拟中，使对象炸开，或者由于外力或另一个对象使对象破碎。

布尔："布尔"工具通过对两个对象执行布尔运算将它们组合起来。在 3ds Max 中，布尔型对象是由两个重叠对象生成的。原始的两个对象是操作对象（A 和 B），而布尔型对象自身是运算的结果。

6.2 布尔运算建模

在建模过程中，经常会遇到两个或多个物体需要相加或相减的情况，这时就会用到布尔运算工具。

布尔运算是一种逻辑数学的计算方法，可以通过对两个或两个以上的物体进行并集、差集和交集的运算，得到新形态的物体。

6.2.1 课堂案例——制作蜡烛模型

【案例学习目标】熟悉"ProBoolean"工具的使用方法。

【案例知识要点】使用"切角长方体""圆柱体""ProBoolean""长方体""线"工具，结合使用"编辑多边形"修改器制作蜡烛模型，效果如图 6-3 所示。

【模型文件所在位置】云盘 / 场景 /Ch06/ 蜡烛模型 .max。

【参考模型文件所在位置】云盘 / 场景 /Ch06/ 蜡烛 .max。

制作蜡烛
模型

图 6-3

（1）单击"╋（创建）> ●（几何体）> 扩展基本体 > 切角长方体"按钮，在"顶"视图中创建切角长方体，在"参数"卷展栏中设置"长度"为150mm、"宽度"为150mm、"高度"为150mm、"圆角"为2mm、"圆角分段"为3，如图 6-4 所示。

（2）单击"╋（创建）> ●（几何体）> 标准基本体 > 圆柱体"按钮，在"顶"视图中创建圆柱体，在"参数"卷展栏中设置"半径"为58mm、"高度"为200mm、"边数"为50，如图 6-5 所示。

（3）在场景中调整圆柱体的位置，按 Ctrl+V 组合键，在弹出的对话框中选择"复制"单选项，单击"确定"按钮，如图 6-6 所示。

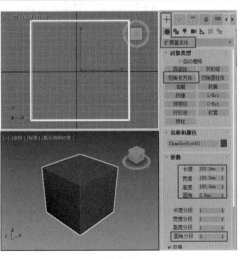

图 6-4

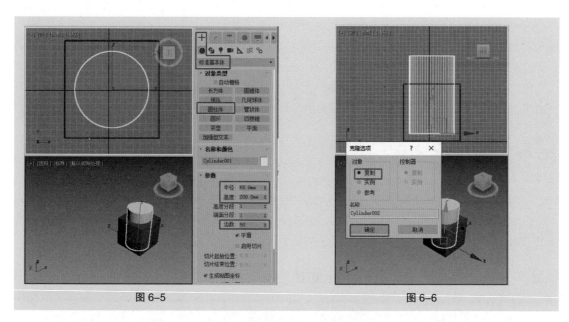

图 6-5　　　　　　　　　　　　　　　　　　　　图 6-6

（4）在场景中选择切角长方体，单击"➕（创建）> ⬤（几何体）> 复合对象 > ProBoolean"按钮，在场景中拾取圆柱体，如图 6-7 所示，布尔之后可以为切角长方体布尔出一个洞，将场景中的圆柱体隐藏即可看到效果，这里不再介绍。

（5）切换到 ☑（修改）命令面板，在场景中选择另一个圆柱体，在"修改器列表"中选择"编辑多边形"修改器，将选择集定义为"顶点"，在场景中调整顶点，如图 6-8 所示。

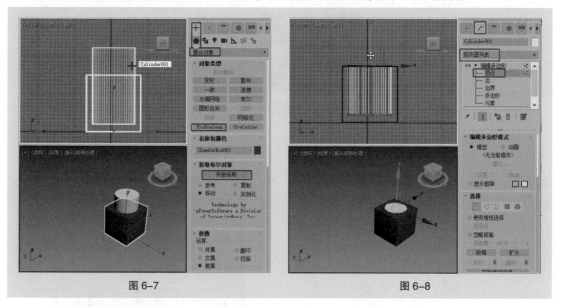

图 6-7　　　　　　　　　　　　　　　　　　　　图 6-8

（6）将选择集定义为"边"，在场景中选择圆柱体顶部的一圈边，如图 6-9 所示。

（7）选择边后，在"编辑边"卷展栏中单击"切角"后的 ▣（设置）按钮，在弹出的助手小盒中设置"切角量"为 2.5mm、"切角分段"为 3，单击 ⊘（确定）按钮，如图 6-10 所示。

（8）在工具栏中右击 ▦（选择并均匀缩放）工具，在弹出的"缩放变换输入"对话框中设置"偏移：世界"为 99.5%，如图 6-11 所示。

（9）单击"➕（创建）> 🗗（图形）> 样条线 > 线"按钮，在"前"视图中创建曲线，并在"渲染"卷展栏中勾选"在渲染中启用"和"在视口中启用"复选框，设置"径向"的"厚度"为1mm，如图6-12所示。

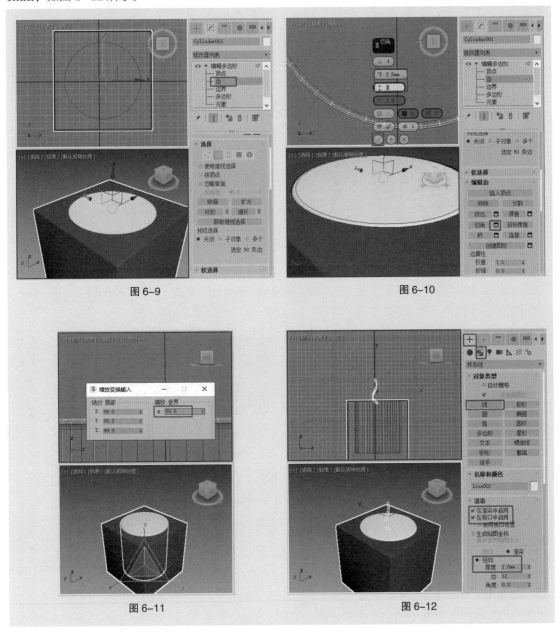

图 6-9

图 6-10

图 6-11

图 6-12

（10）在场景中选择蜡烛模型，选择➕（选择并移动）工具，按住 Shift 键，移动并复制模型，为复制出的模型添加"编辑多边形"修改器，将选择集定义为"顶点"，在场景中调整顶点，如图6-13所示。使用相同的方法再次复制并调整模型，制作出图6-14所示的效果。

（11）单击"➕（创建）> ⬤（几何体）> 标准基本体 > 长方体"按钮，在"顶"视图中创建长方体，在"参数"卷展栏中设置"长度"为400mm、"宽度"为400mm、"高度"为 –50mm，如图6-15所示。

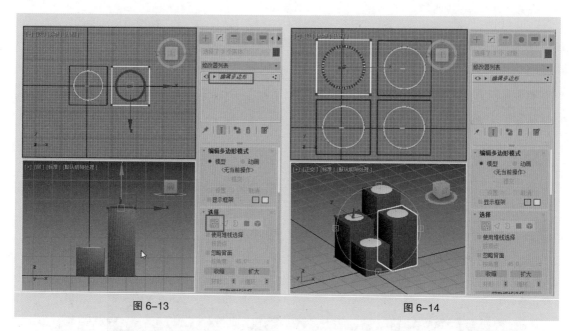

图 6-13　　　　　　　　　　　　　　　图 6-14

（12）切换到 （修改）命令面板，为长方体添加"编辑多边形"修改器，将选择集定义为"多边形"，在场景中选择顶部的多边形，在"编辑多边形"卷展栏中单击"倒角"后的■（设置）按钮，在弹出的助手小盒中设置"倒角"的"轮廓"为 −20mm，单击 ◯（确定）按钮，如图 6-16 所示。

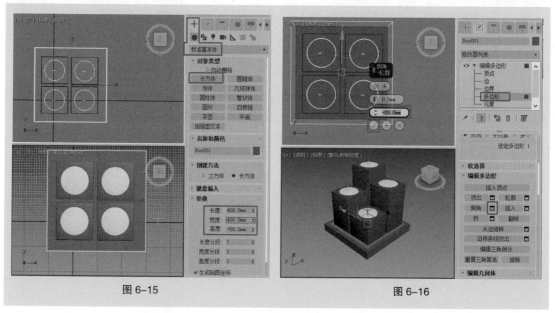

图 6-15　　　　　　　　　　　　　　　图 6-16

（13）单击"挤出"后的■（设置）按钮，在弹出的助手小盒中设置"挤出高度"为 −30mm，单击 ◯（确定）按钮，如图 6-17 所示。将选择集定义为"边"，在场景中选择需要的边，如图 6-18 所示。

（14）在"编辑边"卷展栏中单击"切角"后的■（设置）按钮，在弹出的助手小盒中设置"切角量"为 2mm、"切角分段"为 2，单击 ◯（确定）按钮，如图 6-19 所示。蜡烛模型制作完成，效果如图 6-20 所示。

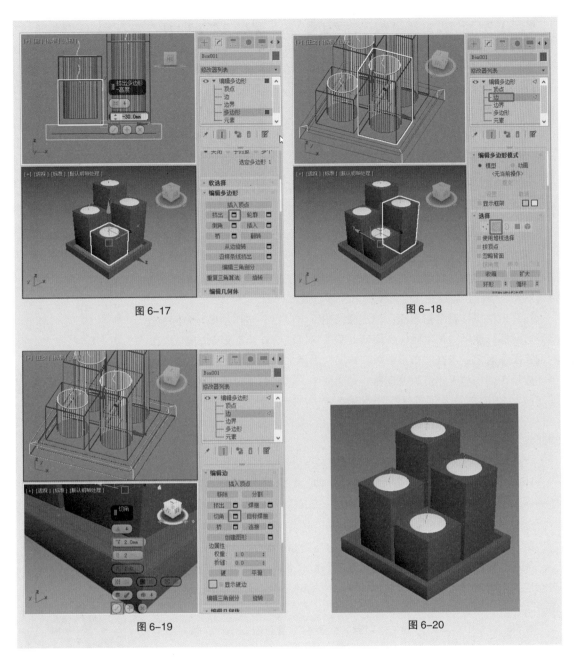

图 6-17　　　　　　　　　　　　　　　　　　图 6-18

图 6-19　　　　　　　　　　　　　　　　　　图 6-20

6.2.2　布尔工具

系统提供了 3 种布尔运算方式：并集、交集和差集。其中，差集包括 A–B 和 B–A 两种方式。下面举例介绍布尔运算的基本用法。

要进行布尔运算的场景中必须创建有原始对象和操作对象，如图 6-21 所示。

选择其中一个模型，单击"＋（创建）>●（几何体）> 复合对象 > 布尔"按钮，在"布尔参数"卷展栏中单击"添加运算对象"按钮，在场景中拾取另外一个模型，在"运算对象参数"卷展栏中选择布尔类型，例如"差集"，效果如图 6-22 所示。

"布尔参数"卷展栏如图 6-23 所示，参数的介绍如下。

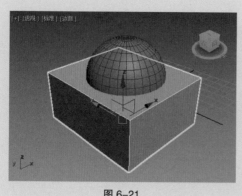
图 6-21

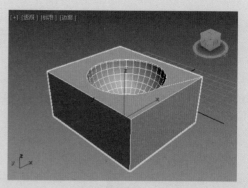
图 6-22

添加运算对象：单击该按钮后，可以选择要进行布尔操作的第二个对象。

运算对象：显示当前的操作对象。

移除运算对象：在运算对象列表中选中不需要的运算对象，单击"移除运算对象"按钮，可以将选中的运算对象移出运算列表。

打开布尔操作资源管理器：单击该按钮，可以打开"布尔操作资源管理器"对话框，使用"布尔操作资源管理器"对话框可在装配复杂的复合对象时跟踪操作对象。当在"布尔参数"卷展栏中添加操作对象时，操作对象将自动显示在"布尔操作资源管理器"对话框中。也可以将对象从场景资源管理器拖入"布尔操作资源管理器"对话框，以将其添加为新操作对象。在"布尔参数"卷展栏中对操作对象及其操作顺序的所有更改会在"布尔操作资源管理器"对话框中自动更新。

图 6-23

"运算对象参数"卷展栏如图 6-24 所示，参数的介绍如下。

并集：布尔对象包含两个原始对象的体积，但将移除它们的相交部分或重叠部分。

交集：使两个原始对象重叠的体积相交，剩余几何体会被丢弃。

差集：从基础（最初选定）对象移除它与其他对象相交的体积。

合并：使两个网格相交并组合，而不移除任何原始多边形。在相交对象的位置创建新边。对于需要有选择地移除网格的某些部分的情况，这可能很有用。

附加：将多个对象合并成一个对象，而不影响各对象的拓扑，各对象实质上是复合对象中的独立元素。

插入：从操作对象 A（当前结果）减去操作对象 B（新添加的操作对象）的边界图形，操作对象 B 的图形不受此操作的影响。

图 6-24

盖印：勾选"盖印"复选框可在操作对象与原始网格之间插入（盖印）相交边，而不移除或添加面。"盖印"功能只分割面，并将新边添加到基础（最初选定）对象的网格中。

切面：勾选"切面"复选框可执行指定的布尔操作，但不会将操作对象的面添加到原始网格中，选定运算对象的面不会添加到布尔结果中。可以使用该复选框在网格中剪切一个洞，或获取网格在另一对象内部的部分。

"材质"选项组用于设置布尔运算结果的材质属性。

应用运算对象材质：选择该单选项，可将已添加操作对象的材质应用于整个复合对象。

保留原始材质：选择该单选项，可保留应用到复合对象的现有材质。

"显示"选项组用于设置显示结果。

结果：选择该单选项，可显示布尔操作的最终结果。

运算对象：选择该单选项，可显示没有执行布尔操作的运算对象。运算对象的轮廓会以一种显示当前所执行布尔操作的颜色标出。

选定的运算对象：选择该单选项，可显示选定的操作对象。操作对象的轮廓会以一种显示当前所执行布尔操作的颜色标出。

显示为已明暗处理：如果勾选该复选框，则视口中会显示明暗处理过的操作对象。取消勾选该复选框会关闭颜色编码显示。

"结果"选项组用于选择是否保留非平面的面。

6.2.3 ProBoolean

ProBoolean 是高级布尔工具，使用它制作出来的模型比使用普通的"布尔"工具制作出来模型更加细腻。其操作方法与普通的"布尔"工具相同。

这里主要介绍一下"高级选项"卷展栏，其他选项可以参考"布尔"工具中的介绍。

"高级选项"卷展栏（见图 6-25）中参数的介绍如下。

"更新"选项组用于确定在进行更改后，何时在布尔对象上执行更新。

始终：选择该单选项后，只要更改了布尔对象，就会进行更新。

手动：选择该单选项后，仅在单击"更新"按钮后进行更新。

仅限选定时：选择该单选项后，只要选定了布尔对象，就会进行更新。

仅限渲染时：选择该单选项后，仅在渲染或单击"更新"按钮时才将更新应用于布尔对象。

图 6-25

更新：对布尔对象应用更改。

消减 %：从布尔对象中的多边形上移除边，从而减小多边形数目的边百分比。

"四边形镶嵌"选项组用于启用布尔对象的四边形镶嵌。

设为四边形：勾选该复选框时，会将布尔对象的镶嵌从三角形改为四边形。

四边形大小 %：确定四边形的大小作为总体布尔对象长度的百分比。

"移除平面上的边"选项组用于确定如何处理平面上的多边形。

全部移除：选择该单选项，可移除一个面上的所有其他共面的边，这样该面本身将定义多边形。

只移除不可见：选择该单选项，可移除每个面上的不可见边。

不移除边：选择该单选项，可不移除边。

6.3 放样建模

对于很多复杂的模型，用户很难通过基本几何体的组合或修改来得到，这时就要使用放样命令来实现。放样建模是指先创建一个二维截面，然后使它沿着一个预先设定好的路径进行变形，从而得到三维模型的过程。放样建模是一种非常重要的建模方法。

放样是一种传统的三维建模方法：使截面图形沿着路径放样形成三维模型，在路径的不同位置可以有多个截面图形。

6.3.1　课堂案例——制作灯笼吊灯模型

【案例学习目标】熟悉"放样"工具的使用方法。

【案例知识要点】创建路径和截面图形，使用"放样"工具制作出灯笼吊灯，使用"编辑多边形"修改器制作出灯笼龙骨，效果如图6-26所示。

【模型文件所在位置】云盘/场景/Ch06/灯笼吊灯模型.max。

【参考模型文件所在位置】云盘/场景/Ch06/灯笼吊灯.max。

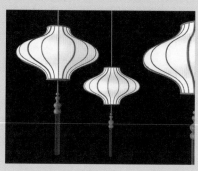

制作灯笼吊灯模型

图6-26

（1）单击"＋（创建）＞ ◉（图形）＞样条线＞圆"按钮，在"顶"视图中创建圆，作为放样的图形，如图6-27所示。

（2）单击"＋（创建）＞ ◉（图形）＞样条线＞线"按钮，在"前"视图中创建线，作为放样的路径，如图6-28所示。

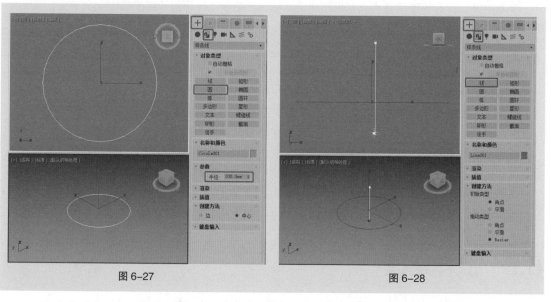

图6-27　　　　　　　　　　　　　　　　　图6-28

（3）在场景中选择作为路径的图形，单击"＋（创建）＞ ◉（几何体）＞复合对象＞放样"按钮，在"创建方法"卷展栏中单击"获取图形"按钮，在场景中拾取圆，如图6-29所示。

（4）在"蒙皮参数"卷展栏中取消勾选"封口始端"和"封口末端"复选框，如图6-30所示。

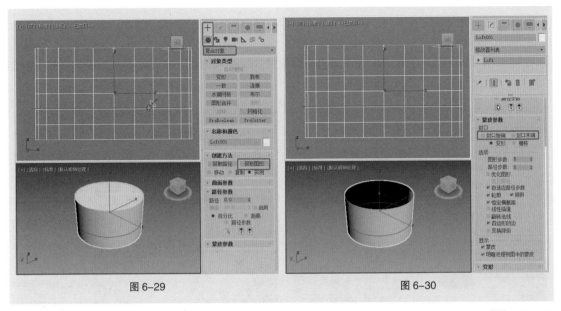

| 图 6-29 | 图 6-30 |

（5）在"变形"卷展栏中单击"缩放"按钮，在弹出的"缩放变形"对话框中单击 （插入角点）按钮，在变形曲线上添加角点，用鼠标右键单击角点，在弹出的快捷菜单中选择"Bezier-平滑"命令，如图 6-31 所示。

（6）调整角点，并设置曲线两端点的类型为"Bezier-角点"，如图 6-32 所示。

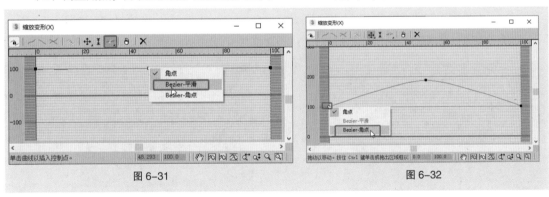

| 图 6-31 | 图 6-32 |

（7）调整变形曲线的形状，如图 6-33 所示。

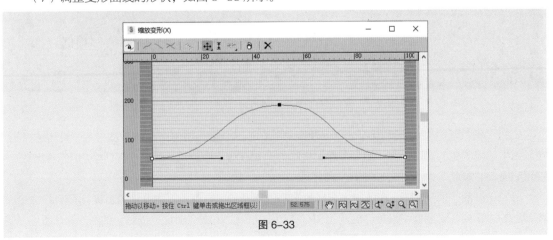

图 6-33

（8）在"蒙皮参数"卷展栏中设置"图形步数"为15、"路径步数"为10，如图6-34所示，使模型更加平滑。

（9）在修改命令堆栈中，选择"Loft > 路径"，选择"Line > 顶点"，在场景中将放样模型的路径顶点调整至合适的高度，如图6-35所示。

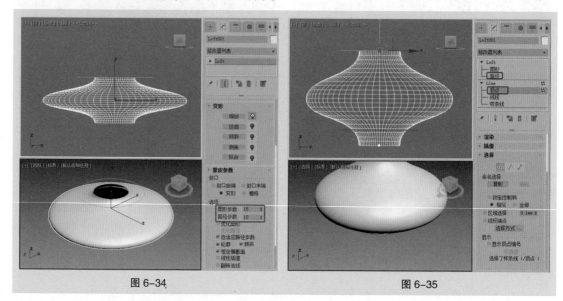

图6-34 | 图6-35

（10）为模型添加"编辑多边形"修改器，将选择集定义为"边"，在场景中选择图6-36所示的边。在"选择"卷展栏中单击"循环"按钮，选择图6-37所示的一圈边。

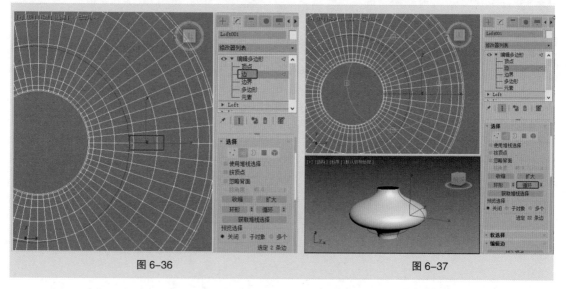

图6-36 | 图6-37

（11）在"编辑边"卷展栏中单击"创建图形"按钮，如图6-38所示。创建图形后，关闭选择集，在场景中选择创建的图形，在"渲染"卷展栏中勾选"在渲染中启用"和"在视口中启用"复选框，设置渲染的"厚度"为6mm，如图6-39所示。

（12）激活"顶"视图，在场景中选择可渲染的样条线，在菜单栏中选择"工具 > 阵列"命令，在弹出的"阵列"对话框中设置"旋转"和"阵列维度"，单击"确定"按钮，如图6-40所示。阵列出的模型如图 6-41 所示。

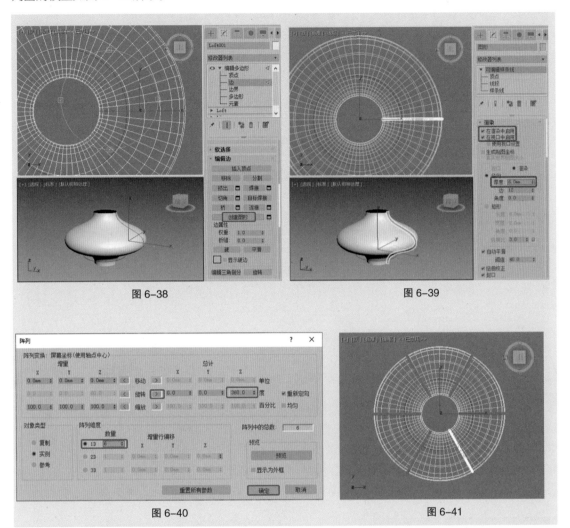

图 6-38

图 6-39

图 6-40

图 6-41

（13）在场景中选择一个可渲染的样条线，按 Ctrl+V 组合键，在弹出的"克隆选项"对话框中选择"复制"单选项，单击"确定"按钮，如图 6-42 所示。在场景中选择复制出的样条线，设置渲染的"厚度"为 3，如图 6-43 所示。

（14）激活"顶"视图，在场景中选择复制出的可渲染的样条线，在菜单栏中选择"工具 > 阵列"命令，在弹出的对话框中设置"旋转"和"阵列维度"，单击"确定"按钮，如图 6-44 所示。阵列出的模型如图 6-45 所示。

（15）选择放样的模型，将选择集定义为"边界"，在场景中选择顶部和底部的边界，在"编辑边界"卷展栏中单击"创建图形"按钮，如图 6-46 所示。

（16）创建并选择图形，在"渲染"卷展栏中勾选"在渲染中启用"和"在视口中启用"复选框，设置"厚度"为 6mm，如图 6-47 所示。

（17）在场景中创建样条线，并设置样条线可渲染，如图 6-48 所示。使用"线"工具在"前"视图中创建并调整图形，如图 6-49 所示。

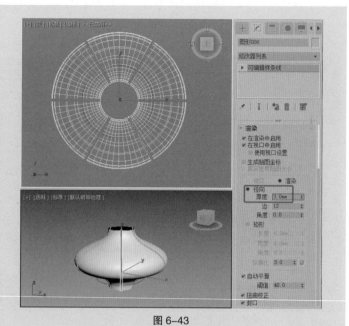

图 6-42　　　　　　　　　　　　　　　　　图 6-43

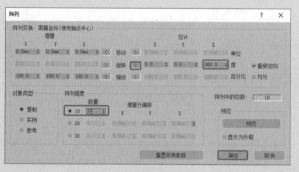

图 6-44

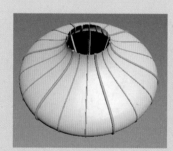

图 6-45

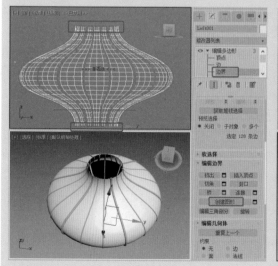

图 6-46

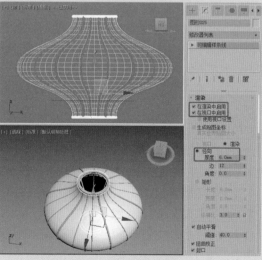

图 6-47

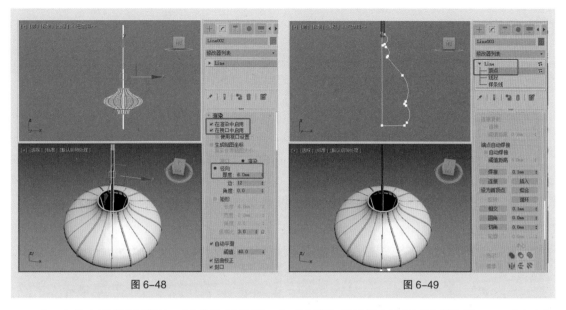

| 图 6-48 | 图 6-49 |

（18）为创建的图形添加"车削"修改器，在"参数"卷展栏中设置"分段"为 16、"方向"为"Y"，选择"对齐"为"最小"，如图 6-50 所示。继续创建可渲染的样条线，设置渲染的"厚度"为 1mm，如图 6-51 所示。

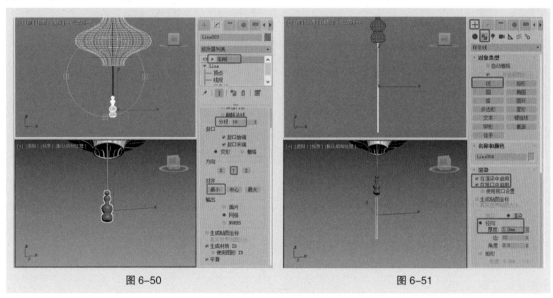

| 图 6-50 | 图 6-51 |

（19）在场景中对样条线进行复制，灯笼吊灯模型制作完成，效果如图 6-52 所示。

图 6-52

6.3.2　放样工具

放样变形建模有两种方法：一种是单截面放样变形，只进行一次放样变形即可制作出所需要的模型；另一种是多截面放样变形，用于制作较复杂的模型，在制作过程中要进行多个路径的放样变形。

1. 单截面放样变形

单截面放样变形是使用比较普遍的放样方法，具体操作步骤如下。

（1）在视图中创建一个圆和一个星形。这两个二维图形可以随意创建。

（2）选择星形，单击"➕（创建）> ⬤（几何体）> 复合对象"，在"创建"命令面板中单击"放样"按钮，该命令面板中会显示放样的相关选项，如图 6-53 所示。

（3）单击"获取图形"按钮，在视图中单击圆，拾取图形后即可创建三维放样模型，如图 6-54 所示。

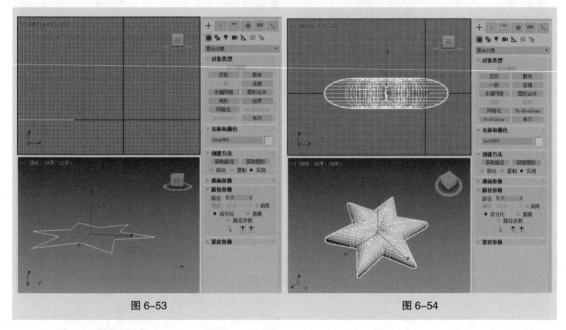

图 6-53　　　　　　　　　　　　　　　　　　　图 6-54

2. 多截面放样变形

在实际制作过程中，有些模型只用单截面放样变形方法是不能完成的，复杂的模型有许多不同的截面，创建此类模型就要用到多截面放样变形方法，具体操作步骤如下。

（1）在"顶"视图中分别创建圆、星形和多边形。在"前"视图中绘制一条直线段，这几个二维图形可以随意创建。

（2）单击线将其选中，单击"➕（创建）> ⬤（几何体）> 复合对象 > 放样"按钮，在"创建方法"卷展栏中单击"获取图形"按钮，在视图中单击圆，这时直线段变为圆柱体，如图 6-55 所示。

（3）在"路径参数"卷展栏中设置"路径"为45，单击"获取图形"按钮，在视图中单击星形，如图 6-56 所示。

（4）将"路径"设置为80，单击"获取图形"按钮，在视图中单击多边形，如图 6-57 所示。

（5）切换到 📐（修改）命令面板，在修改命令堆栈中将选择集定义为"图形"，这时"修改"命令面板中会出现新的命令，在场景中框选放样的模型将它们选中，如图 6-58 所示。

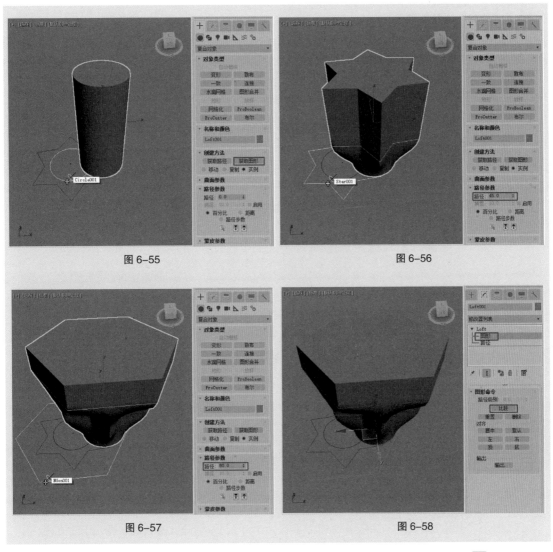

图 6-55　　　　　　　　　　　　　　　　　　图 6-56

图 6-57　　　　　　　　　　　　　　　　　　图 6-58

（6）单击"比较"按钮，弹出"比较"窗口，如图 6-59 所示。在"比较"窗口中单击 （拾取图形）按钮，在视图中分别在放样物体 3 个截面的位置单击，将 3 个截面拾取到"比较"窗口中，如图 6-60 所示。

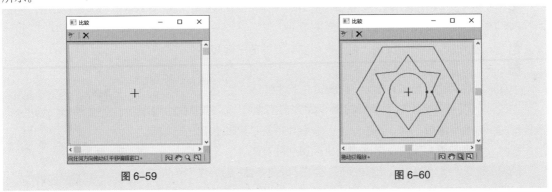

图 6-59　　　　　　　　　　　　　　　　　　图 6-60

从"比较"窗口中可以看到 3 个截面图形的起始点，如果起始点没有对齐，可以使用 （选择并旋转）工具手动调整。

3. "放样"工具的参数

"放样"工具的参数由5部分组成，包括"创建方法""曲面参数""路径参数""蒙皮参数""变形"卷展栏，如图6-61所示。

"创建方法"卷展栏用于决定在放样过程中使用哪一种方式来进行放样，如图6-62所示。

获取路径：如果已经选择了路径，则单击该按钮，到视图中拾取要作为截面图形的图形。

获取图形：如果已经选择了截面图形，则单击该按钮，到视图中拾取要作为路径的图形。

移动：选择该单选项，将直接用原始二维图形进入放样系统。

复制：选择该单选项，将复制一个二维图形进入放样系统，而原始二维图形并不发生任何改变，此时原始二维图形和复制得到的二维图形之间是完全独立的。

实例：选择该单选项，原来的二维图形将继续保留，进入放样系统的只是它们各自的关联物体。可以将它们隐藏，以后需要对放样模型进行修改时，直接修改它们的关联物体即可。

"路径参数"卷展栏用于设置沿放样物体路径上各个截面图形的间隔，如图6-63所示。

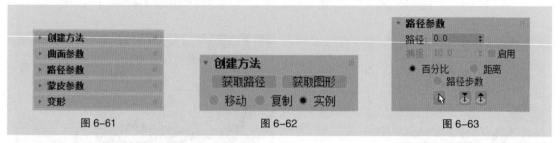

图6-61　　　　　　　　　图6-62　　　　　　　　　图6-63

路径：通过调整微调器或输入一个数值来设置插入点在路径上的位置。该值取决于所选定的测量方式，并随着测量方式的改变而产生变化。

捕捉：设置放样路径上截面图形固定的间隔。该值也取决于所选定的测量方式，并随着测量方式的改变而产生变化。

启用：勾选该复选框，则激活"捕捉"选项。

系统提供了下面3种测量方式。

百分比：选择该单选项，可将全部放样路径设为100%，以百分比形式确定插入点的位置。

距离：选择该单选项，将以全部放样路径的实际长度为总数，以绝对距离长度形式来确定插入点的位置。

路径步数：选择该单选项，将以路径的分段形式来确定插入点的位置。

拾取图形：单击该按钮，在放样物体中手动拾取放样截面，此时"捕捉"选项不可用，并把所拾取到的放样截面的位置作为"路径"的数值。

上一个图形：单击该按钮，将选择当前截面的前一截面。

下一个图形：单击该按钮，将选择当前截面的后一截面。

"变形"卷展栏（见图6-64）中参数的介绍如下。

缩放：可以从单个图形中放样对象（如列和小喇叭），图形在沿着路径移动时只改变其缩放程度。要制作这些类型的对象时，请使用缩放变形。

扭曲：可以沿着对象的长度创建盘旋或扭曲的对象。

倾斜：围绕局部x轴和y轴旋转图形。当在"蒙皮参数"卷展栏中选择"轮廓"时，"倾斜"是3ds Max自动选择的工具。当要手动控制轮廓效果时，请使用倾斜变形。

图6-64

倒角：制作一个非常尖的边很困难且耗时间，创建的大多数对象都具有已切角化、倒角或减缓的边需要使用倒角变形来模拟这些效果。

拟合：可以使用两条拟合曲线来定义对象的顶部和侧剖面。想通过绘制放样对象的剖面来生成放样对象时，需要使用拟合变形。

变形曲线首先作为使用常量值的直线。要生成更精细的曲线，可以插入控制点并更改它们的属性。使用变形对话框工具栏中的按钮可以插入和更改变形曲线控制点，下面以"倒角变形"对话框为例来介绍这些按钮的作用，如图 6-65 所示。

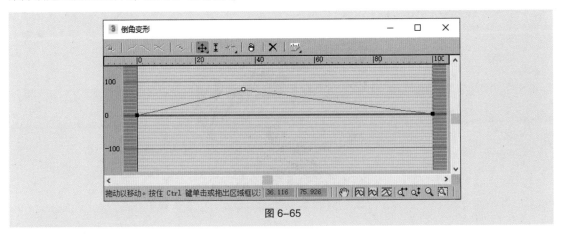

图 6-65

均衡：一个动作按钮，也是一种曲线编辑模式，可以用于对轴和形状应用相同的变形。

显示 X 轴：仅显示红色的 x 轴变形曲线。

显示 Y 轴：仅显示绿色的 y 轴变形曲线。

显示 XY 轴：同时显示 x 轴和 y 轴变形曲线，各条曲线使用各自的颜色。

变换变形曲线：在 x 轴和 y 轴之间复制曲线。此按钮在启用 （均衡）按钮时是禁用的。

移动控制点：更改变形的量（垂直移动）和变形的位置（水平移动）。

缩放控制点：更改变形的量，而不更改变形的位置。

插入角点：单击变形曲线上的任意位置，可以在该位置插入角点控制点。

删除控制点：删除所选的控制点，也可以通过按 Delete 键来删除所选的点。

重置曲线：删除所有控制点（但两端的控制点除外）并恢复曲线的默认值。

数值字段：仅当选择了一个控制点时，才能访问这两个字段。第一个字段提供了点的水平位置，第二个字段提供了点的垂直位置（或值）。可以使用键盘编辑这些字段。

平移：用于查看其他部分。

最大化显示：更改视图放大值，使整个变形曲线可见。

水平方向最大化显示：更改沿路径长度进行的视图放大值，使得整个路径区域在对话框中可见。

垂直方向最大化显示：更改沿变形值进行的视图放大值，使得整个变形区域在对话框中显示。

水平缩放：更改沿路径长度进行的放大值。

垂直缩放：更改沿变形值进行的放大值。

缩放：更改沿路径长度和变形值进行的放大值，保持曲线纵横比不变。

缩放区域：在变形栅格中拖动区域。区域会相应放大，以填充变形对话框。

6.4 课堂练习——制作鱼缸模型

【练习知识要点】使用 3 个图形作为放样的 3 个截面，创建样条线作为放样路径，使用"编辑多边形""平滑""壳""涡轮平滑"修改器制作出鱼缸模型，效果如图 6-66 所示。

【素材文件位置】云盘 / 贴图。

【参考模型文件所在位置】云盘 / 场景 /Ch06/ 鱼缸 .max。

制作鱼缸
模型

图 6-66

6.5 课后习题——制作刀架模型

【习题知识要点】创建图形，并为图形添加"挤出"修改器，制作基本刀架模型，创建长方体和圆柱体作为布尔对象，布尔出刀洞，制作刀架模型，效果如图 6-67 所示。

【素材文件位置】云盘 / 贴图。

【参考模型文件所在位置】云盘 / 场景 /Ch06/ 刀架 .max。

制作刀架
模型

图 6-67

第 7 章

创建高级模型

07

▶ 本章介绍

　　本书前面讲解了在 3ds Max 中的基础建模，以及使用常用的修改器对基本模型进行修改而产生新的模型和复合建模的方法。使用这些建模方法只能制作一些简单或粗糙的基本模型，要想表现和制作一些更加精致的模型就要使用高级建模的技巧。通过本章的学习，读者可以掌握多边形建模、网格建模、NURBS 建模和面片建模这 4 种常用的高级建模方法。

知识目标

- 认识 "编辑多边形" 修改器
- 认识 "编辑网格" 修改器
- 认识公共参数卷展栏
- 认识子物体层级卷展栏
- 认识 NVRBSI 工具面板

第 7 章简介

能力目标

- 掌握多边形建模的常用工具和方法
- 掌握网格建模的常用工具和方法
- 掌握 NURBS 建模的常用工具和方法
- 掌握面片建模的常用工具和方法

素养目标

- 培养学生精益求精的工作作风
- 培养学生的创新能力

7.1 多边形建模

多边形建模就是使用"可编辑多边形"修改器和"编辑多边形"修改器来制作模型。

"编辑多边形"修改器与"可编辑多边形"修改器大部分功能相同，但"可编辑多边形"修改器中包含"细分曲面"和"细分置换"卷展栏，以及一些具体的设置选项。此外，"编辑多边形"修改器具有"模型"和"动画"两种操作模式。在"模型"模式下，可以使用各种工具编辑多边形；在"动画"模式下，可以结合"自动关键点"或"设置关键点"工具对多边形的参数进行更改。下面就来介绍多边形建模。

7.1.1 课堂案例——制作鱼尾凳模型

【案例学习目标】学习使用"编辑多边形"修改器。

【案例知识要点】使用"长方体"工具，结合使用"编辑多边形"修改器，通过使用编辑多边形的各种工具来制作出鱼尾凳模型，效果如图 7-1 所示。

【素材文件位置】云盘 / 贴图。

【模型文件所在位置】云盘 / 场景 /Ch07/ 鱼尾凳模型 .max。

【参考模型文件所在位置】云盘 / 场景 /Ch07/ 鱼尾凳 .max。

制作鱼尾凳
模型

图 7-1

（1）单击"＋（创建）＞●（几何体）＞标准基本体＞长方体"按钮。在"顶"视图中创建长方体，在"参数"卷展栏中设置"长度"为 200mm、"宽度"为 200mm、"高度"为 100mm、"长度分段"为 2、"宽度分段"为 2、"高度分段"为 1，如图 7-2 所示。

（2）切换到 （修改）命令面板，为长方体添加"编辑多边形"修改器，将选择集定义为"顶点"，在"顶"视图中调整顶点，如图 7-3 所示。

（3）将选择集定义为"多边形"，在"顶"视图中选择多边形，在"编辑多边形"卷展栏中单击"挤出"后的 （设置）按钮，在弹出的助手小盒中设置"挤出量"为 60mm，单击 （应用并继续）按钮，如图 7-4 所示。

（4）单击 3 次 （应用并继续）按钮，挤出多个分段，单击 （确定）按钮，如图 7-5 所示。

（5）将选择集定义为"顶点"，在场景中调整挤出的顶点，如图 7-6 所示。

（6）将选择集定义为"边"，在场景中选择模型底部的一圈边，如图 7-7 所示。

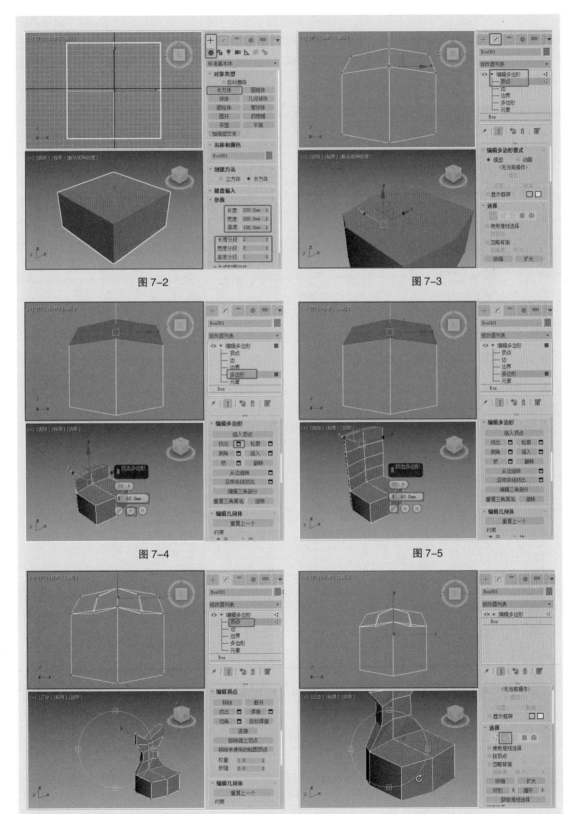

图 7-2

图 7-3

图 7-4

图 7-5

图 7-6

图 7-7

（7）在"编辑边"卷展栏中单击"切角"后的 ■（设置）按钮，在弹出的助手小盒中设置合适的"切角量"和"切角分段"，单击 ✓（确定）按钮，如图 7-8 所示。

（8）关闭选择集，在"修改器列表"中选择"涡轮平滑"修改器，在"涡轮平滑"卷展栏中设置"迭代次数"为 2，如图 7-9 所示。

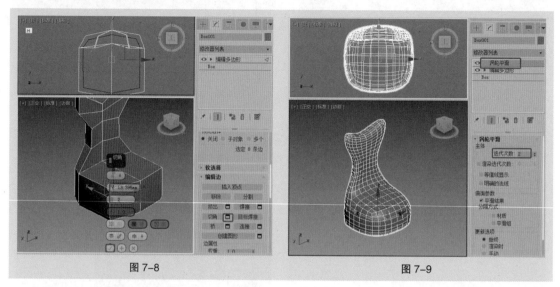

图 7-8　　　　　　　　　　　　　　　　图 7-9

（9）如果对当前模型不满意，可以将"涡轮平滑"修改器隐藏，返回到"编辑多边形"修改器，将选择集定义为"顶点"，在场景中调整顶点，如图 7-10 所示。

（10）调整好模型后，显示"涡轮平滑"修改器，观察模型的效果，如图 7-11 所示。鱼尾凳模型制作完成。

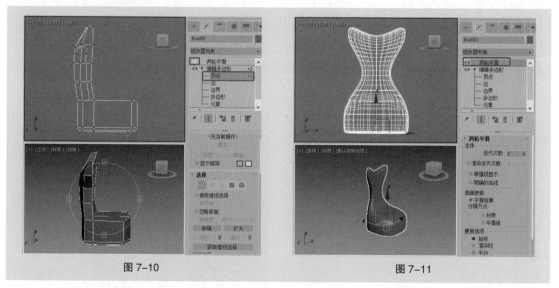

图 7-10　　　　　　　　　　　　　　　　图 7-11

7.1.2　"编辑多边形"修改器

"编辑多边形"对象也是一种网格对象，它在功能和使用方法上几乎和"编辑网格"对象是一致的。不同的是，"编辑网格"对象是由三角形面构成的框架结构，而"编辑多边形"对象不仅可以是三角形网格模型，也可以是四边形或者更多，其功能也比"编辑网格"对象强大。

创建一个三维模型后，确定该物体处于被选中状态，切换到 （修改）命令面板，在"修改器列表"中选择"编辑多边形"修改器即可应用。也可以在创建模型后，右击模型，在弹出的快捷菜单中选择"转换为 > 转换为可编辑多边形"命令，将模型转换为"可编辑多边形"模型。

图 7-12

"编辑多边形"修改器与"可编辑多边形"修改器大部分功能相同，卷展栏有一些不同之处，如图 7-12 所示。

"编辑多边形"修改器具有修改器状态所说明的所有属性，包括在堆栈中将"编辑多边形"修改器放到基础对象和其他修改器上方，在堆栈中将修改器移动到不同位置，以及对同一对象应用多个"编辑多边形"修改器（每个修改器包含不同的建模或动画操作）。

"编辑多边形"修改器有两个不同的操作模式："模型"和"动画"。"编辑多边形"修改器中不再包含始终启用的"完全交互"开关功能。

"编辑多边形"修改器提供了两种从堆栈下部获取现有选择的新方法：使用堆栈选择和获取堆栈选择。"编辑多边形"修改器中缺少"可编辑多边形"修改器的"细分曲面"和"细分置换"卷展栏。

在"动画"模式中，可通过单击"切片"而不是"切片平面"来开始切片操作。单击"切片平面"可移动平面，设置切片平面的动画。

7.1.3　"编辑多边形"修改器的参数

1．子物体层级

"编辑多边形"修改器的子物体层级（见图 7-13）详解如下。

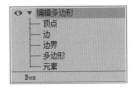

图 7-13

顶点：位于相应位置的点。它们定义构成多边形对象的其他子对象的结构。当移动或编辑顶点时，相应的几何体也会受影响。顶点也可以独立存在。这些孤立顶点可以用来构建其他几何体，但在渲染时，它们是不可见的。当定义为"顶点"时可以选择单个或多个顶点，并且使用标准方法移动它们。

边：连接两个顶点的直线段，可以形成多边形的边。边不能由两个以上多边形共享。另外，两个多边形的法线应相邻。如果不相邻，应卷起共享顶点的两条边。当将选择集定义为"边"时可选择一条或多条边，然后使用标准方法变换它们。

边界：网格的线性部分，通常可以描述为孔洞的边缘。它通常是多边形仅位于一面时的边序列。例如，长方体没有边界，但茶壶对象有若干边界：壶盖、壶身和壶嘴上有边界，还有两个在壶把上。如果创建圆柱体，然后删除末端多边形，相邻的一行边会形成边界。当将选择集定义为"边界"时，可选择一个或多个边界，然后使用标准方法变换它们。

多边形：通过曲面连接的 3 条或多条边的封闭序列。多边形提供"编辑多边形"对象的可渲染曲面。当将选择集定义为"多边形"时可选择单个或多个多边形，然后使用标准方法变换它们。

元素：两个或两个以上可组合为一个更大对象的单个网格对象。

2．"编辑多边形模式"卷展栏

"编辑多边形模式"卷展栏是"编辑多边形"修改器中的公共参数卷展栏，无论当前处于何种选择集，都有该卷展栏，如图 7-14 所示。

图 7-14

3. "选择"卷展栏

"选择"卷展栏是"编辑多边形"修改器中的公共参数卷展栏，无论当前处于何种选择集，都有该卷展栏。该卷展栏是比较实用的，如图 7-15 所示。

4. "软选择"卷展栏

"软选择"卷展栏是"编辑多边形"修改器中的公共参数卷展栏，无论当前处于何种选择集，都有该卷展栏，如图 7-16 所示。

5. "编辑几何体"卷展栏

"编辑几何体"卷展栏是"编辑多边形"修改器中的公共参数卷展栏，无论当前处于何种选择集，都有该卷展栏。该卷展栏在调整模型时是使用最多的，如图 7-17 所示。

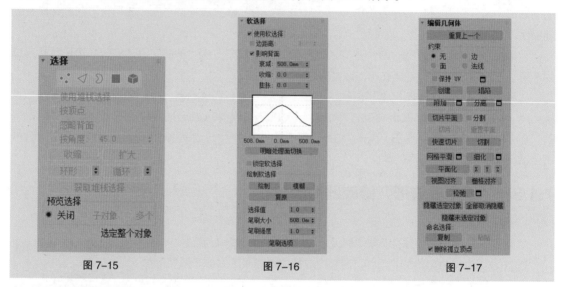

图 7-15　　　　　　　图 7-16　　　　　　　图 7-17

6. "绘制变形"卷展栏

"绘制变形"卷展栏是"编辑多边形"修改器中的公共参数卷展栏，无论当前处于何种选择集，都有该卷展栏，如图 7-18 所示。

7. "编辑顶点"卷展栏

只有将选择集定义为"顶点"时，才会显示该卷展栏，如图 7-19 所示。

8. "编辑边"卷展栏

只有将选择集定义为"边"时，才会显示该卷展栏，如图 7-20 所示。

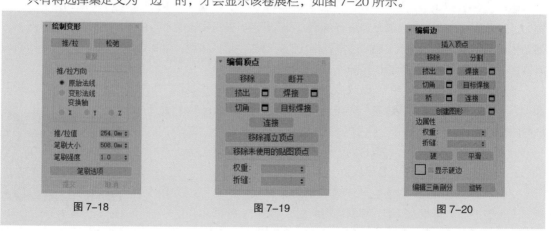

图 7-18　　　　　　　图 7-19　　　　　　　图 7-20

9. "编辑边界"卷展栏

只有将选择集定义为"边界"时，才会显示该卷展栏，如图 7-21 所示。

10. "编辑多边形"卷展栏

只有将选择集定义为"多边形"时，才会显示该卷展栏，如图 7-22 所示。

11. "多边形：材质 ID"卷展栏和"多边形：平滑组"卷展栏

只有将选择集定义为"多边形"时，才会显示这两个卷展栏，如图 7-23 所示。

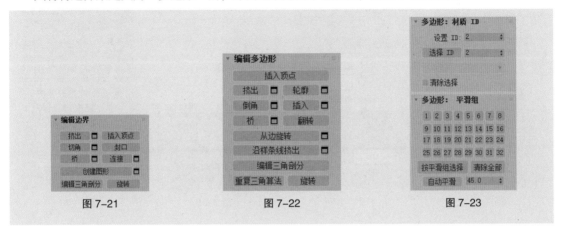

图 7-21   图 7-22   图 7-23

7.2 网格建模

"编辑网格"修改器与"编辑多边形"修改器中的各项命令和参数基本相同。

7.2.1 子物体层级

为模型添加"编辑网格"修改器后，在修改命令堆栈中可以查看该修改器的子物体层级，如图 7-24 所示。

7.2.2 公共参数卷展栏

1. "选择"卷展栏

"选择"卷展栏是"编辑网格"修改器中的公共参数卷展栏，无论当前处于何种选择集，都有该卷展栏，如图 7-25 所示。

2. "编辑几何体"卷展栏

"编辑几何体"卷展栏是"编辑网格"修改器中的公共参数卷展栏，无论当前处于何种选择集，都有该卷展栏，如图 7-26 所示。

7.2.3 子物体层级卷展栏

将选择集定义为"顶点"时，会出现图 7-27 所示的"曲面属性"卷展栏。将选择集定义为"边"时，会出现图 7-28 所示的"曲面属性"卷展栏。将选择集定义为"面""多边形"或"元素"时，会出现图 7-29 所示的"曲面属性"卷展栏。

图 7-24

图 7-25

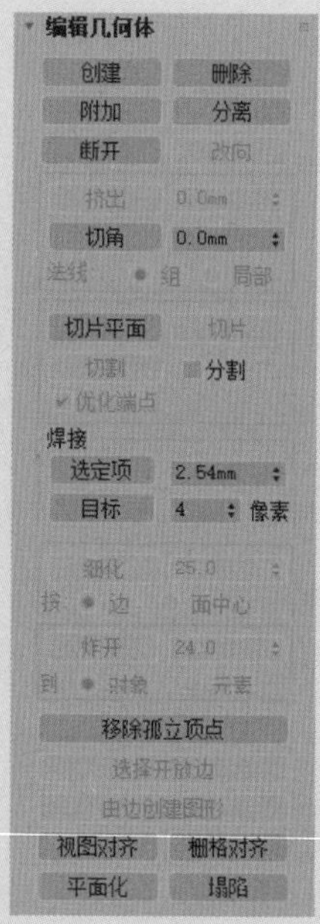

编辑几何体	
创建	删除
附加	分离
断开	改向

挤出 0.0mm
切角 0.0mm

连线 ● 组 局部

切片平面 切片
切割 ● 分割
☑ 优化端点

焊接
选定项 2.54mm
目标 4 像素

细化 25.0
按 ● 边 面中心
炸开 24.0
到 ● 对象 元素

移除孤立顶点
选择开放边
由边创建图形

视图对齐 栅格对齐
平面化 塌陷

图 7-26

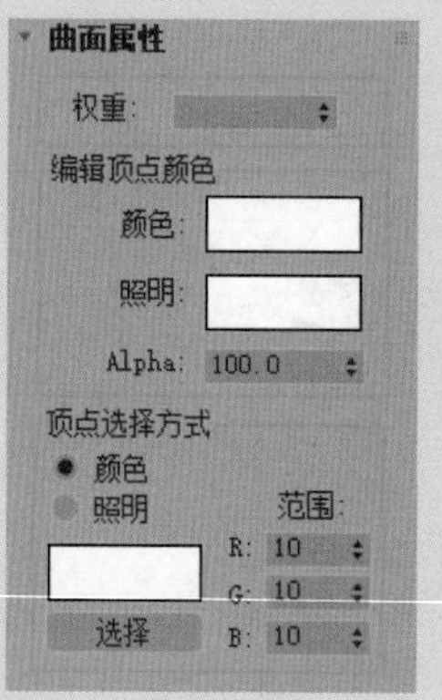

曲面属性
权重：

编辑顶点颜色
颜色
照明

Alpha：100.0

顶点选择方式
● 颜色
照明 范围
R：10
G：10
选择 B：10

图 7-27

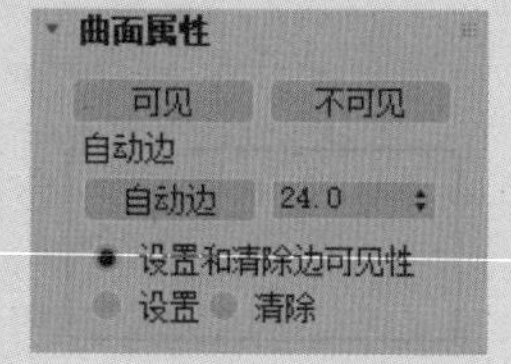

曲面属性
可见 不可见
自动边
自动边 24.0
● 设置和清除边可见性
设置 清除

图 7-28

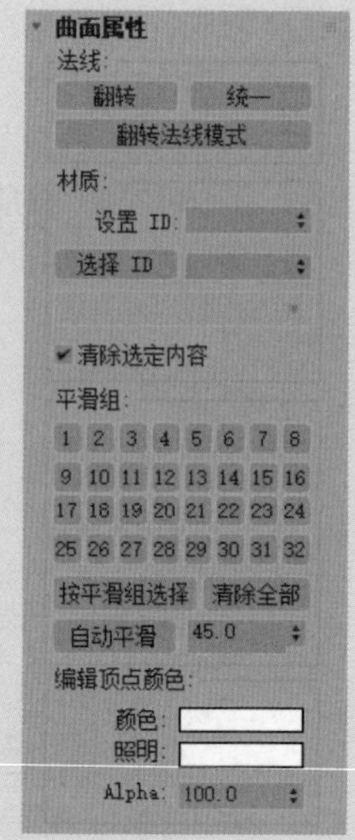

曲面属性
法线
翻转 统一
翻转法线模式

材质：
设置 ID：
选择 ID：

☑ 清除选定内容
平滑组
1 2 3 4 5 6 7 8
9 10 11 12 13 14 15 16
17 18 19 20 21 22 23 24
25 26 27 28 29 30 31 32
按平滑组选择 清除全部
自动平滑 45.0
编辑顶点颜色
颜色
照明

Alpha：100.0

图 7-29

7.3 NURBS 建模

NURBS 是一种先进的建模方式，常用来制作非常圆滑而且具有复杂表面的物体，如汽车、动物、人物以及其他流线型的物体。Maya 和 Rhino 等三维软件都使用了 NURBS 建模技术，基本原理非常相似。

7.3.1 课堂案例——制作金元宝模型

【案例学习目标】学习将模型转换为 NURBS，并对其进行调整。

【案例知识要点】创建球体，将球体转换为 NURBS，通过调整曲面 CV 调整出金元宝模型，效果如图 7-30 所示。

【素材文件位置】云盘 / 贴图。

【模型文件所在位置】云盘 / 场景 /Ch07/ 金元宝模型 .max。

【参考模型文件所在位置】云盘 / 场景 /Ch07/ 金元宝 .max。

制作金元宝
模型

图 7-30

（1）单击"➕（创建）> ⬤（几何体）> 标准基本体 > 球体"按钮，在"顶"视图中创建球体，在"参数"卷展栏中设置"分段"为50，如图7-31所示。

（2）在场景中使用鼠标右键单击球体模型，在弹出的快捷菜单中选择"转换为 > 转换为NURBS"命令，如图7-32所示。

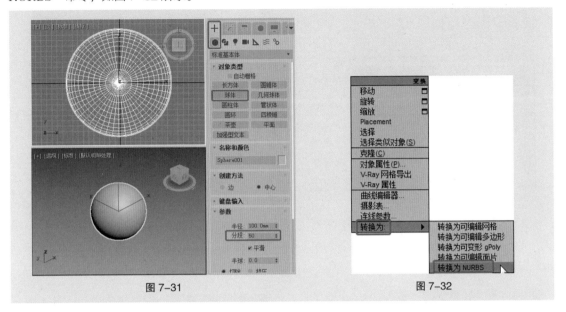

图7-31　　　　　　　　　　　　　　　　　　图7-32

（3）切换到 ⬛（修改）命令面板，将选择集定义为"曲面CV"，在场景中选择图7-33所示的曲面CV。

（4）使用鼠标右键单击工具栏中的 ⬛（选择并均匀缩放）按钮，在弹出的"缩放变换输入"对话框中设置"偏移：屏幕"为125%，如图7-34所示。

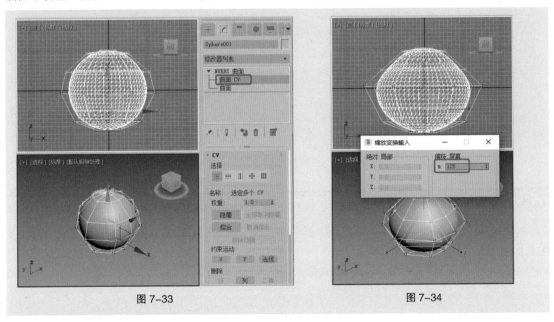

图7-33　　　　　　　　　　　　　　　　　　图7-34

（5）在场景中移动曲面CV到适当的位置，如图7-35所示。关闭选择集，在"顶"视图中沿 y 轴对模型进行缩放，效果如图7-36所示。

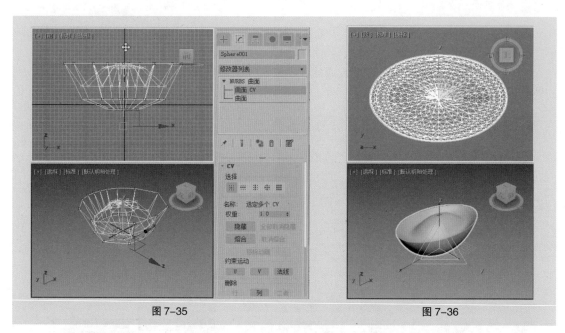

图 7-35　　　　　　　　　　　　　　　图 7-36

　　（6）将选择集定义为"曲面 CV"，在场景中调整模型的形状，如图 7-37 和图 7-38 所示。金元宝模型制作完成。

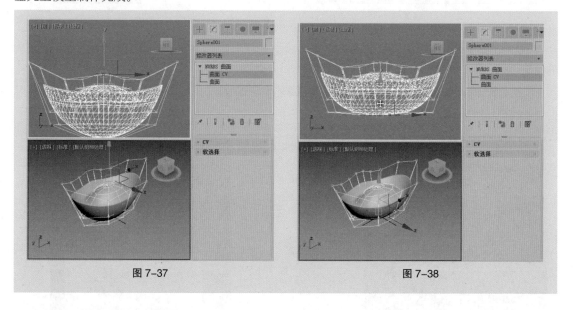

图 7-37　　　　　　　　　　　　　　　图 7-38

7.3.2　NURBS 曲面

　　NURBS 的造型系统也包括点、曲线和曲面 3 种元素，其中曲线和曲面都可分为标准型和 CV（可控）型两种。

　　NURBS 曲面包括点曲面和 CV 曲面两种，如图 7-39 所示。

　　点曲面：显示为绿色的点阵列组成的曲面，这些点都依附在曲面上，对控制点进行移动，曲面会随之改变形态。

　　CV 曲面：具有控制能力的点组成的曲面，这些点不依附在曲面上，对控制点进行移动，控制点会离开曲面，同时影响曲面的形态。

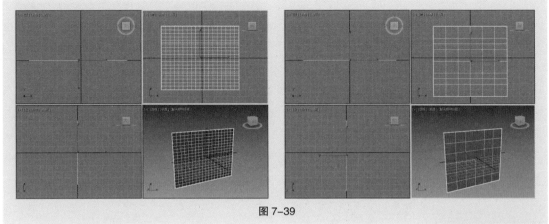

图 7-39

1. NURBS 曲面的选择

单击"＋（创建）＞ ●（几何体）"按钮，单击标准基本体▼，
选择"NURBS 曲面"选项，如图 7-40 所示；进入 NURBS 曲面的"创建"
命令面板，如图 7-41 所示。

2. NURBS 曲面的创建和修改

NURBS 曲面有"点曲面"和"CV 曲面"两种创建方法，具体操作方
法与"标准基本体"中"平面"的操作方法相似。

单击"点曲面"按钮，在"顶"视图中创建一个点曲面，单击 （修改）
按钮，将选择集定义为"点"，如图 7-42 所示；选择曲面上的一个控制点，
使用 （选择并移动）工具移动控制点，曲面会改变形态，但这个控制点
始终依附在曲面上，如图 7-43 所示。

图 7-40

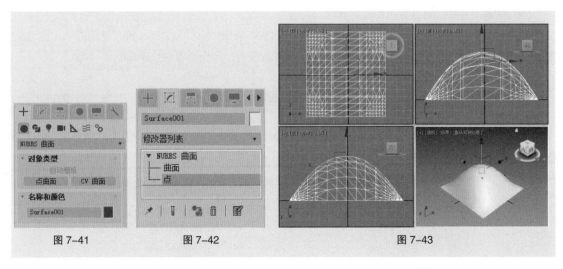

| 图 7-41 | 图 7-42 | 图 7-43 |

单击"CV 曲面"按钮，在"顶"视图中创建一个可控点曲面，单击 （修改）按钮，将选择
集定义为"曲面 CV"，如图 7-44 所示；选择曲面上的一个控制点，使用 （选择并移动）工具移
动控制点，曲面会改变形态，但控制点不依附在曲面上，如图 7-45 所示。

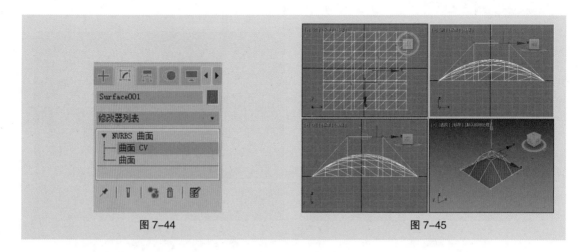

图 7-44　　　　　　　　　　　　　　图 7-45

7.3.3　NURBS 曲线

NURBS 曲线包括点曲线和 CV 曲线两种，如图 7-46 所示。

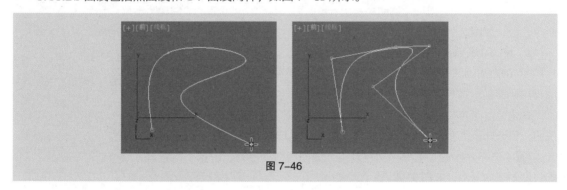

图 7-46

点曲线：显示为绿色的点弯曲构成的曲线。

CV 曲线：由可控制点弯曲构成的曲线。

这两种类型的曲线上控制点的性质与前面介绍的 NURBS 曲面上控制点的性质相同。点曲线的控制点都依附在曲线上；CV 曲线的控制点不依附在曲线上，但控制着曲线的形状。

1. NURBS 曲线的选择

单击"➕（创建）> 🎨（图形）"按钮，单击 样条线 ▼ ，选择"NURBS 曲线"选项，如图 7-47 所示，进入 NURBS 曲线的"创建"命令面板，如图 7-48 所示。

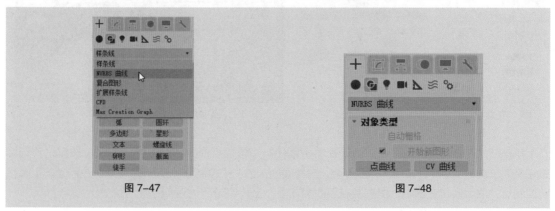

图 7-47　　　　　　　　　　　　　　图 7-48

2. NURBS 曲线的创建和修改

NURBS 曲线的创建方法与二维线的创建方法相同，但在创建 NURBS 曲线时可以直接生成圆滑的曲线。两种类型的 NURBS 曲线上的点对曲线形状的影响方式也是不同的。

单击"点曲线"按钮，在"顶"视图中创建一条点曲线，切换到 📝（修改）命令面板，将选择集定义为"点"，如图 7-49 所示；选择曲线上的一个控制点，使用 ✛（选择并移动）工具移动控制点，曲线会改变形态，被选择的控制点始终依附在曲线上，如图 7-50 所示。

单击"CV 曲线"按钮，在"顶"视图中创建一条 CV 曲线，切换到 📝（修改）命令面板，将选择集定义为"曲线 CV"，如图 7-51 所示；选择曲线上的一个控制点，使用 ✛（选择并移动）工具移动控制点，曲线会改变形态，被选择的控制点不会依附在曲线上，如图 7-52 所示。

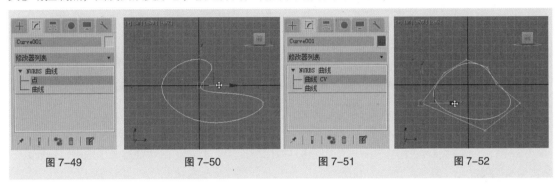

图 7-49　　　　　图 7-50　　　　　图 7-51　　　　　图 7-52

7.3.4　NURBS 工具面板

NURBS 系统具有自己独立的参数。在视图中创建 NURBS 曲线物体和曲面物体，"创建"命令面板中会显示 NURBS 物体的创建参数，用来设置创建的 NURBS 物体的基本参数。创建完成后单击 📝（修改）按钮，"修改"命令面板中会显示 NURBS 物体的修改参数，如图 7-53 所示。

"常规"卷展栏中包含一个 NURBS 工具面板，该工具面板中包含所有 NURBS 操作命令。单击"常规"卷展栏中的 ✳（NURBS 创建工具箱）按钮，弹出 NURBS 工具面板，如图 7-54 所示（曲线）。

NURBS 工具面板包括 3 组命令："点"工具命令、"曲线"工具命令和"曲面"工具命令。进行 NURBS 建模时主要使用该工具面板中的命令。

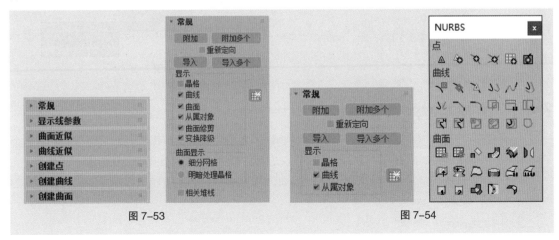

图 7-53　　　　　　　　　　　　　　图 7-54

7.4 面片建模

面片建模是一种表面建模方式，即通过面片栅格制作表面，并对其进行任意修改而完成模型的创建工作。在 3ds Max 中创建的面片有两种：四边形面片和三角形面片。这两种面片的不同之处是它们的组成单元不同，前者为四边形，后者为三角形。

在 3ds Max 中创建面片的途径：在"面片栅格"子面板的"对象类型"卷展栏中选择面片的类型，如图 7-55 所示，在场景中创建面片，如图 7-56 所示。

图 7-55　　　　　　　　　　　　　　　　　　图 7-56

创建面片后切换到 ☑（修改）命令面板，在"修改器列表"中选择"编辑面片"修改器，如图 7-57 所示，可对面片进行修改；或使用鼠标右键单击面片，在弹出的快捷菜单中选择"转换为 > 转换为可编辑面片"命令，如图 7-58 所示。

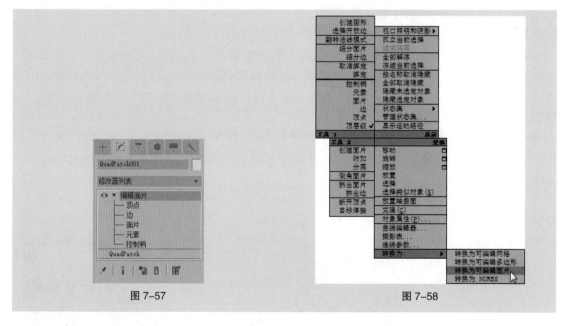

图 7-57　　　　　　　　　　　　　　　　　　图 7-58

7.4.1　子物体层级

"编辑面片"提供了各种控件，不仅可以将物体作为面片对象进行操纵，而且可以在下面 5 个子物体层级进行操纵："顶点""边""面片""元素""控制柄"，如图 7-59 所示。

顶点：用于选择面片对象中的顶点控制点及其向量控制柄。向量控制柄显示为围绕选定顶点的小型绿色方框，如图 7-60 所示。

边：用于选择面片对象的边界边。

面片：用于选择整个面片。

元素：用于选择和编辑整个元素。元素的面是连续的。

控制柄：用于选择与每个顶点关联的向量控制柄。位于该层级时，可以对控制柄进行操纵，而无须对顶点进行处理，如图 7-61 所示。

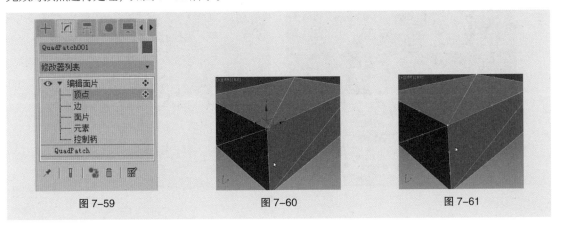

图 7-59 图 7-60 图 7-61

7.4.2 公共参数卷展栏

1. "选择"卷展栏

"选择"卷展栏是"编辑面片"修改器中的公共参数卷展栏，无论当前处于何种选择集，都有该卷展栏，如图 7-62 所示。

2. "几何体"卷展栏

"几何体"卷展栏是"编辑面片"修改器中的公共参数卷展栏，无论当前处于何种选择集，都有该卷展栏，如图 7-63 所示。

3. "曲面属性"卷展栏

"曲面属性"卷展栏是"编辑面片"修改器中的公共参数卷展栏，无论当前处于何种选择集，都有该卷展栏，如图 7-64 所示。

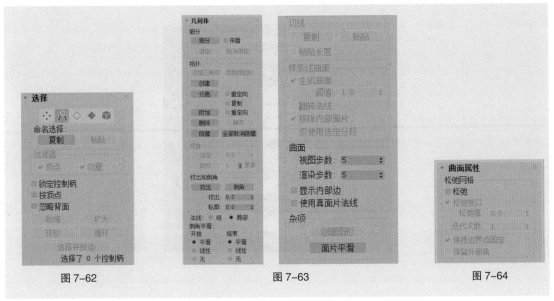

图 7-62 图 7-63 图 7-64

7.4.3 "曲面"修改器

"曲面"修改器基于样条线网络的轮廓生成面片曲面,可以在三面体或四面体的交织样条线分段的任何地方创建面片,如图 7-65 所示。

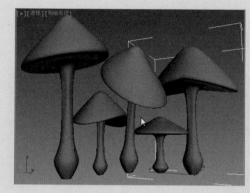

图 7-65

使用"曲面"工具进行建模,所做的大量工作主要是在"可编辑样条线"修改器或"编辑样条线"修改器中创建和编辑样条线。使用样条线和"曲面"修改器来建模的一个好处就是易于编辑模型。

7.5 课堂练习——制作瓷器模型

【练习知识要点】创建 NURBS 曲线,并使用 NURBS 工具面板中的"创建车削曲面"工具制作出瓷器模型,效果如图 7-66 所示。

【素材文件位置】云盘 / 贴图。

【参考模型文件所在位置】云盘 / 场景 /Ch07/ 瓷器 .max。

制作瓷器
模型

图 7-66

7.6 课后习题——制作办公椅模型

【习题知识要点】使用基本的几何体创建基础模型，使用"编辑多边形""涡轮平滑""弯曲"等修改器制作出办公椅模型，效果如图7-67所示。

【素材文件位置】云盘/贴图。

【参考模型文件所在位置】云盘/场景/Ch07/办公椅.max。

制作办公椅模型

图7-67

第8章

设置材质和
纹理贴图

▶ ## 本章介绍

　　为模型设置材质和纹理贴图是三维创作中非常重要的环节，它的重要性和操作难度丝毫不亚于建模。通过本章的学习，读者可以掌握材质编辑器的参数设定方法，以及结合使用"UVW 贴图"命令的方法。

知识目标

- 熟悉材质编辑器的常用命令
- 了解材质类型
- 了解纹理贴图
- 了解 VRay 材质

第8章简介

能力目标

- 掌握材质编辑器的使用方法
- 掌握材质的类型和使用方法
- 掌握多种纹理贴图的使用方法
- 掌握 VRay 材质的使用方法

素养目标

- 培养学生严谨的工作作风
- 培养学生积极实践的学习态度

08

8.1 材质概述

真实世界中的物体都有自身的表面特征，如透明的玻璃，具有光泽度的金属，不同颜色和纹理的石材、木材等。

在 3ds Max 中创建好模型后，使用材质编辑器可以准确、逼真地表现不同物体的颜色、光泽和质感特性。为 3ds Max 模型指定材质后的效果如图 8-1 所示。

图 8-1

8.2 材质编辑器

材质编辑器是一个浮动的窗口，用于设置不同类型和属性的材质与贴图效果，并将设置的结果赋予场景中的物体。

在工具栏中单击 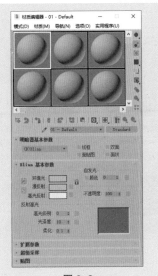（材质编辑器）按钮，弹出"Slate 材质编辑器"窗口，如图 8-2 所示。

按住 按钮，单击隐藏的 （材质编辑器）按钮，弹出精简"材质编辑器"面板，如图 8-3所示。

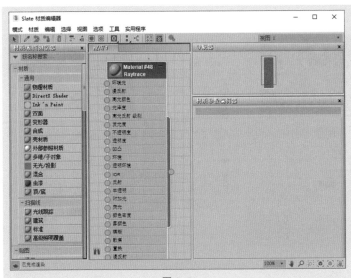

图 8-2

图 8-3

8.2.1 课堂案例——制作钢管金属材质

【案例学习目标】学习制作金属材质的方法和技巧。

【案例知识要点】添加"金属"材质，设置基本参数，并添加指定贴图来表现金属材质，效果如图 8-4 所示。

【素材文件位置】云盘 / 贴图。

【模型文件所在位置】云盘 / 场景 /Ch08/ 钢管金属材质 .max。

【原始模型文件所在位置】云盘 / 场景 /Ch08/ 钢管金属材质 o.max。

制作钢管金属材质

（1）运行 3ds Max，选择"文件 > 打开"命令，打开云盘中的"场景 > Ch08 > 钢管金属材质 o.max"文件，如图 8-5 所示，该场景文件是没有设置材质的场景文件。

图 8-4

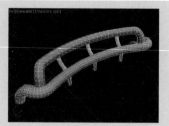

图 8-5

（2）在场景中选择钢管模型。按 M 键，打开材质编辑器，切换到精简材质面板，选择一个新的材质样本球，将其命名为"钢管"，并在"明暗器基本参数"卷展栏中设置明暗器类型为"金属"。

（3）在"金属基本参数"卷展栏中设置"环境光"的"红""绿""蓝"为 0、0、0，设置"漫反射"的"红""绿""蓝"为 255、255、255；在"反射高光"选项组中设置"高光级别"为 100、"光泽度"为 80，如图 8-6 所示。

（4）在"贴图"卷展栏中单击"反射"后的"无贴图"按钮，在弹出的"材质 / 贴图浏览器"对话框中选择"位图"贴图，单击"确定"按钮，如图 8-7 所示。

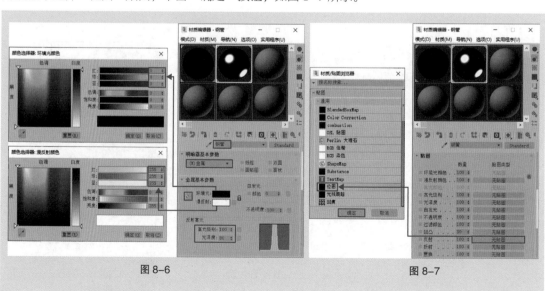

图 8-6

图 8-7

（5）在弹出的对话框中选择云盘中的"贴图 > LAKEREF.JPG"文件，如图 8-8 所示，单击"打开"按钮，进入贴图层级，使用默认参数。

（6）单击 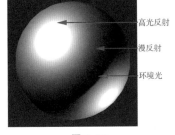（转到父对象）按钮，返回上一级面板，在"贴图"卷展栏中设置"反射"的"数量"为 60。确定场景中的钢管模型处于选定状态，单击 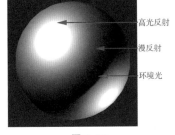（将材质指定给选定对象）按钮指定材质，如图 8-9 所示，钢管金属材质制作完成。

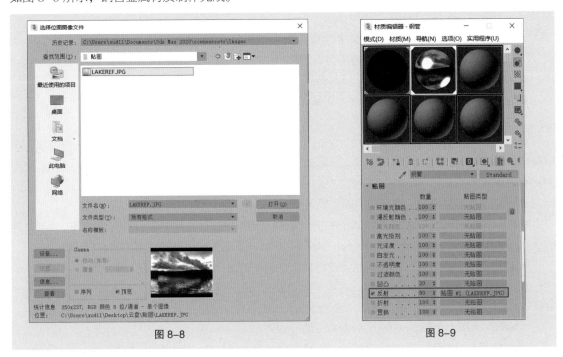

图 8-8

图 8-9

8.2.2　材质构成

这里所谓的材质构成是用于描述材质视觉和光学上的属性，主要包括颜色构成、高光控制、自发光和不透明度，另外，使用的 Shader 类型不同，标准材质的构成也有所不同。

（1）颜色构成：一个单一颜色的表面由于光影的作用，通常会反映出多种颜色，3ds Max 中绝大部分的标准材质通过环境光、漫反射、高光反射和过滤色 4 种颜色构成对其进行模拟。

● 环境光：对象阴影区域的颜色。

● 漫反射：普通照明情况下对象的"原色"。

● 高光反射：对象高亮部分的颜色。某些标准类型可以产生高光色，但无法进行设置。

以上 3 部分分别代表着对象的 3 个受光区域，如图 8-10 所示。

● 过滤色：光线穿过对象所传播的颜色。只有当对象的不透明度属性的数值小于 100% 时才出现。

（2）高光控制：不同的 Shader 类型对标准材质的高光控制也不相同，但大部分都是由多个参数进行控制的，如光泽度、高光级别等。

高光反射

漫反射

环境光

图 8-10

（3）自发光：可以模拟对象从内部进行发光的效果。

（4）不透明度：对象的相对透明程度，降低不透明度，对象会变得更为透明。

以上大部分的材质构成都可以指定贴图，诸如漫反射、不透明度等，通过贴图可以使材质的外光更为复杂和真实。

8.2.3 材质编辑器菜单

"Slate 材质编辑器"窗口的菜单栏中包含带有创建和管理场景中材质的各种菜单命令。大部分菜单命令也可以从工具栏或导航按钮中找到。

下面介绍"Slate 材质编辑器"窗口中的菜单栏。

"模式"菜单（见图 8-11）中各项命令的介绍如下。

● 精简材质编辑器：显示精简材质编辑器。

● Slate 材质编辑器：显示 Slate 材质编辑器。

"材质"菜单（见图 8-12）中各项命令的介绍如下。

● 从对象选取 ✔：选择此命令后，3ds Max 会显示一个滴管光标，单击视口中的一个对象，可以在当前视图中显示出其材质。

● 从选定项获取：从场景中选定的对象获取材质，并显示在活动视图中。

● 获取所有场景材质：在当前视图中显示所有场景材质。

● 在 ATS 对话框中高亮显示资源：打开"资源追踪"对话框，其中显示了位图使用的外部文件的状态。如果针对位图节点选择此命令，关联的文件将在"资源追踪"对话框中高亮显示。

● 将材质指定给选定对象 🔳：将当前材质指定给当前选择的所有对象。快捷键为 A。

● 将材质放入场景 ✏：仅当具有与应用到对象的材质同名的材质副本，且已编辑该副本以更改材质的属性时，该命令才可用。选择"将材质放入场景"命令可以更新应用了旧材质的对象。

"编辑"菜单（见图 8-13）中各项命令的介绍如下。

● 删除选定对象 🗑：在活动视图中，删除选定的节点或关联。快捷键为 Delete。

● 清除视图：删除活动视图中的全部节点和关联。

● 更新选定的预览：自动更新关闭时，选择此命令可以为选定的节点更新预览窗口。快捷键为 U。

● 自动更新选定的预览：切换选定预览窗口的自动更新。快捷键为 Alt+U。

"选择"菜单（见图 8-14）中各项命令的介绍如下。

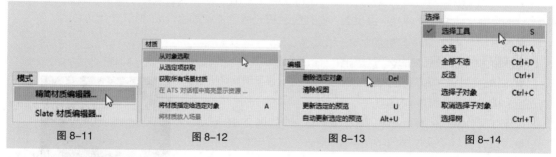

图 8-11　　　　　图 8-12　　　　　图 8-13　　　　　图 8-14

● 选择工具 ▶：激活"选择工具"命令。"选择工具"命令处于活动状态时，此菜单命令旁边会有一个复选标记。快捷键为 S。

● 全选：选择当前视图中的所有节点。快捷键为 Ctrl+A。

● 全部不选：取消当前视图中所有节点的选择。快捷键为 Ctrl+D。

● 反选：反转当前选择，之前选定的节点全都取消选择，未选择的节点现在全都选择。快捷键为 Ctrl+I。

● 选择子对象：选择当前选定节点的所有子节点。快捷键为 Ctrl+C。

● 取消选择子对象：取消选择当前选定节点的所有子节点。

● 选择树：选择当前树中的所有节点。快捷键为 Ctrl+T。

"视图"菜单（见图 8-15）中各项命令的介绍如下。

图 8-15

● 平移工具 ✋：启用"平移工具"命令后，在当前视图中拖动就可以平移视图。快捷键为 Ctrl+P。

● 平移至选定项 ：将视图平移至当前选择的节点。快捷键为 Alt+P。

● 缩放工具 🔍：启用"缩放工具"命令后，在当前视图中拖动就可以缩放视图了。快捷键为 Alt+Z。

● 缩放区域工具 ：启用"缩放区域工具"命令后，在视图中拖出一块矩形选区可以放大该区域。快捷键为 Ctrl+W。

● 最大化显示 ：缩放视图，从而让视图中的所有节点都可见且居中显示。快捷键为 Ctrl+Alt+Z。

● 选定最大化显示 ：缩放视图，从而让视图中的所有选定节点都可见且居中显示。快捷键为 Z。

● 显示栅格：将一个栅格的显示切换为视图背景。默认启用。快捷键为 G。

● 显示滚动条：根据需要，切换视图右侧和底部的滚动条的显示。默认禁用。

● 布局全部：自动排列"视图"中所有节点。快捷键为 L。

● 布局子对象 ：自动排列当前所选节点的子对象。此操作不会更改父节点的位置。快捷键为 C。

● 打开 / 关闭选定的节点：打开（展开）或关闭（折叠）选定的节点。

● 自动打开节点示例窗：启用此命令时，新创建的所有节点都会打开（展开）。

● 隐藏未使用的节点示例窗 ：对于选定的节点，在节点打开的情况下切换未使用的示例窗的显示。快捷键为 H。

"选项"菜单（见图 8-16）中各项命令的介绍如下。

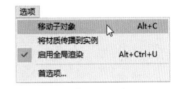

图 8-16

● 移动子对象 ：启用此命令时，移动父节点会移动与之关联的子节点。禁用此命令时，移动父节点不会更改子节点的位置。默认禁用。快捷键为 Alt+C。

● 将材质传播到实例：启用此命令时，任何指定的材质将被传播到场景中对象的所有实例，包括导入的 AutoCAD 块或基于 ADT 样式的对象，它们都是 DRF 文件中常见的对象类型。

● 启用全局渲染：切换预览窗口中位图的渲染。默认启用。快捷键为 Alt+Ctrl+U。

● 首选项：选择此命令后将打开"首选项"对话框，如图 8-17 所示，在其中可设置材质编辑器的一些选项，这里就不详细介绍了。

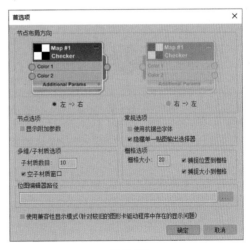

图 8-17

"工具"菜单（见图 8-18）中各项命令的介绍如下。

● 材质 / 贴图浏览器 ：切换"材质 / 贴图浏览器"的显示。默认启用。快捷键为 O。

● 参数编辑器 ：切换"参数编辑器"的显示。默认启用。快捷键为 P。

● 导航器：切换"导航器"的显示。默认启用。快捷键为 N。

"实用程序"菜单（见图 8-19）中各项命令的介绍如下。

● 渲染贴图：此命令仅对贴图节点显示。选择此命令将打开"渲染贴图"对话框，以便渲染贴图（可能是动画贴图）预览。

● 按材质选择对象：仅当为场景中使用的材质选择了单个材质节点时启用。使用"按材质选择对象"命令可以基于材质编辑器中的活动材质选择对象。选择此命令将打开"选择对象"对话框。

● 清理多重材质：用于删除场景中未使用的子材质。

● 实例化重复的贴图：用于合并重复的位图。

8.2.4　活动视图

"Slate 材质编辑器"窗口的视图中显示了材质和贴图节点，用户可以在节点之间创建关联。

1．编辑节点

可以折叠节点隐藏面板，如图 8-20 所示；也可以展开节点显示面板，如图 8-21 所示；还可以在水平方向调整节点大小，这样更易于读取面板名称，如图 8-22 所示。

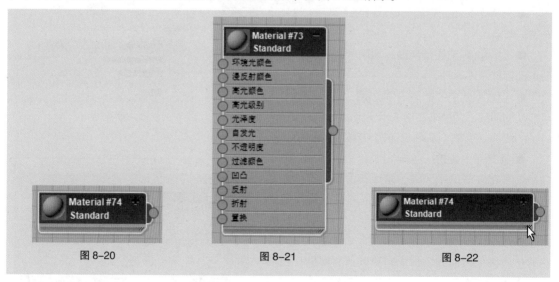

图 8-20　　　　　　图 8-21　　　　　　图 8-22

通过双击预览，可以放大节点标题栏中的预览；要减小预览，再次双击预览即可，如图 8-23 所示。

在节点标题栏中，材质预览的拐角处表明材质是不是热材质。没有三角形则表示场景中没有使用材质，如图 8-24 左图所示；轮廓式白色三角形表示此材质是热材质，换句话说，它已经在场景中实例化，如图 8-24 中图所示；实心白色三角形表示材质不仅是热材质，而且已经应用到当前选定的对象上，如图 8-24 右图所示。如果材质没有应用于场景中的任何对象，就称它是冷材质。

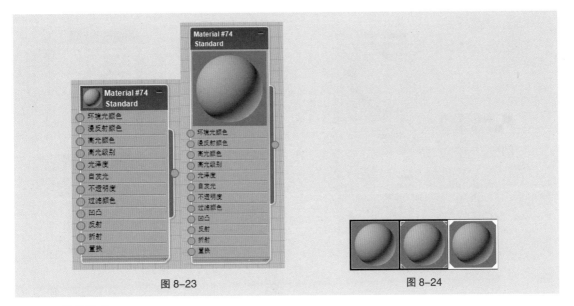

图 8-23 图 8-24

2. 关联节点

要设置材质组件的贴图，请将贴图节点关联到该组件窗口的输入套接字。从贴图套接字拖到材质套接字上，图 8-25 所示为创建的关联。

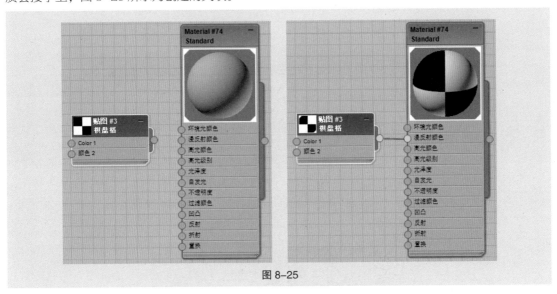

图 8-25

材质节点标题栏中的预览图标现在显示纹理贴图。"Slate 材质编辑器"窗口中还添加了一个 Bezier 浮点控制器节点，以控制贴图量。

若要移除选定项，可以单击工具栏中的 （删除选定对象）按钮，或直接按 Delete 键。同样，使用这种方法也可以将创建的关联删除。

3. 替换关联方法

从视图中拖出关联，在视图的空白部分释放新关联，将打开一个用于创建新节点的菜单，如图 8-26 所示。用户可以从输入套接字向后拖动，也可以从输出套接字向前拖动。

如果将关联拖动到目标节点的标题栏，则将弹出一个菜单，可通过该菜单选择要关联的组件面板，如图 8-27 所示。

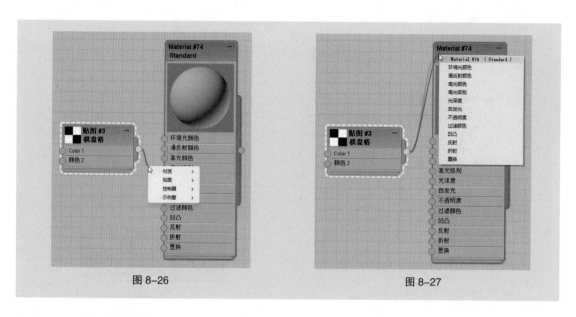

<table>
<tr><td>图 8-26</td><td>图 8-27</td></tr>
</table>

8.2.5　材质工具栏

使用"Slate 材质编辑器"窗口中的工具栏可以快速访问许多命令。该工具栏还包含一个下拉列表，用户可以利用该下拉列表在命名的视图之间进行选择。图 8-28 所示为"Slate 材质编辑器"窗口中的工具栏。

图 8-28

8.3　材质类型

下面将以精简材质编辑器为例介绍材质类型，在"材质编辑器"面板中单击"Standard"按钮，在弹出的"材质 / 贴图浏览器"对话框中展开"材质"卷展栏，其中列出了材质类型，如图 8-29 所示。

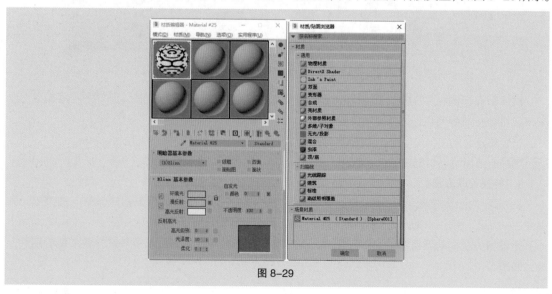

图 8-29

8.3.1 "标准"材质

在真实生活中，对象的外观取决于它反射光线的情况。在 3ds Max 中，"标准"材质用来模拟对象表面的反射属性，在不使用贴图的情况下，"标准"材质为对象提供了单一均匀的表面颜色效果。

1. "明暗器基本参数"卷展栏

该卷展栏中的参数用于设置材质的明暗效果及渲染形态，如图 8-30 所示。

图 8-30

2. "Blinn 基本参数"和"各向异性基本参数"卷展栏

基本参数面板中的参数不是一直不变的，而是随着渲染属性的改变而改变，但大部分参数都是相同的。这里以常用的"Blinn基本参数"和"各向异性基本参数"卷展栏为例进行介绍。

"Blinn 基本参数"卷展栏中显示的是 3ds Max 默认的基本参数，如图 8-31 所示。

图 8-31

- 环境光：用于设置物体表面阴影区域的颜色。
- 漫反射：用于设置物体表面漫反射区域的颜色。
- 高光反射：用于设置物体表面高光区域的颜色。

单击这 3 个参数右侧的颜色框，会弹出"颜色选择器"对话框，其中环境光的"颜色选择器"对话框如图 8-32 所示。设置好合适的颜色后单击"确定"按钮即可，若单击"重置"按钮，则将恢复到最初的颜色设置。在对话框右侧可以通过设置"红""绿""蓝"数值来设置颜色。

- 自发光：使材质具有自身发光的效果，可用于制作灯和电视机屏幕等。可以在数值框中输入数值，此时"漫反射"将作为自发光的颜色，如图 8-33 所示。也可以勾选左侧的复选框，使数值框变为颜色框，然后单击颜色框选择自发光的颜色，如图 8-34 所示。

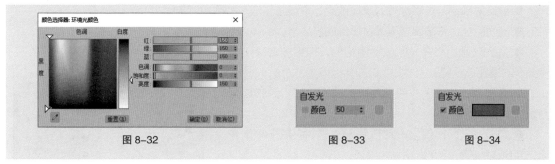

图 8-32   图 8-33   图 8-34

- 不透明度：用于设置材质的不透明百分比值。默认值为 100，表示完全不透明；值为 0 时，表示完全透明。

反射高光选项组用于设置材质的反光强度和反光度。

- 高光级别：用于设置高光亮度。值越大，高光亮度就越大。
- 光泽度：用于设置高光区域的大小。值越大，高光区域越小。
- 柔化：用于柔化高光效果，取值范围为 0 ~ 1.0。

"各向异性基本参数"卷展栏：在"明暗处理"下拉列表中选择"各向异性"方式，基本参数面板中的参数会发生变化，如图 8-35 所示。

- 漫反射级别：用于控制材质的"环境光"颜色的亮度，改变其数值不会影响高光，取值范围为 0 ~ 400，默认值为 100。

● 各向异性：控制高光的形状。

● 方向：设置高光的方向。

3. "贴图"卷展栏

"贴图"卷展栏：贴图是制作材质的关键环节，3ds Max在"标准"材质的贴图设置面板中提供了多种贴图通道，如图8-36所示。每一种都有其独特之处，通过贴图通道进行材质的赋予和编辑，能使模型具有更真实的效果。

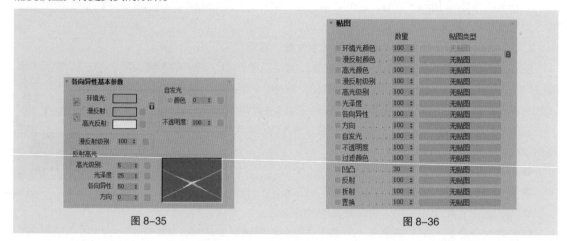

图 8-35   图 8-36

"贴图"卷展栏中有部分贴图通道与前面基本参数卷展栏中的参数对应。在"贴图"卷展栏中可以看到有些参数的右侧有一个"无贴图"按钮，这和贴图通道中的"无贴图"按钮的作用相同，单击后都会弹出"材质/贴图浏览器"对话框，如图8-37所示。在"材质/贴图浏览器"对话框中可以选择贴图类型。下面对部分贴图通道进行介绍。

● 环境光颜色：将贴图应用于材质的阴影区域，默认状态下该贴图通道禁用。

● 漫反射颜色：表现材质的纹理效果，是最常用的一种贴图通道。

● 高光颜色：将贴图应用于材质的高光区域。

● 高光级别：与高光区域贴图相似，但强度取决于高光强度的设置。

● 光泽度：将贴图应用于物体的高光区域，控制物体高光区域贴图的光泽度。

● 自发光：将贴图以一种自发光的形式应用于物体表面，颜色浅的部分会产生发光效果。

● 不透明度：根据贴图的明暗部分在物体表面产生透明的效果，颜色深的地方透明，颜色浅的地方不透明。

● 过滤颜色：根据贴图像素的深浅程度产生透明的颜色效果。

● 凹凸：根据贴图的颜色产生凹凸的效果，颜色深的区域产生凹下效果，颜色浅的区域产生凸起效果。

● 反射：表现材质的反射效果，是一个在建模中重要的材质编辑参数，木质摆件和模拟的桌面都有反射效果。

● 折射：表现材质的折射效果，常用于表现水和玻璃的折射效果。

图 8-37

8.3.2 "光线跟踪"材质

"光线跟踪"材质是一种高级的材质类型。当光线在场景中移动时，通过跟踪对象来计算材质颜色，这些光线可以穿过透明对象，在光亮的材质上反射，产生逼真的效果。

"光线跟踪"材质产生的反射和折射的效果要比"光线追踪"贴图更逼真，但渲染速度更慢。

1. 选择"光线跟踪"材质

在工具栏中单击 （材质编辑器）按钮，打开"材质编辑器"面板，单击"Standard"按钮，弹出"材质/贴图浏览器"对话框，如图 8-38 所示。双击"光线跟踪"选项，"材质编辑器"面板中会显示"光线跟踪"材质的参数，如图 8-39 所示。

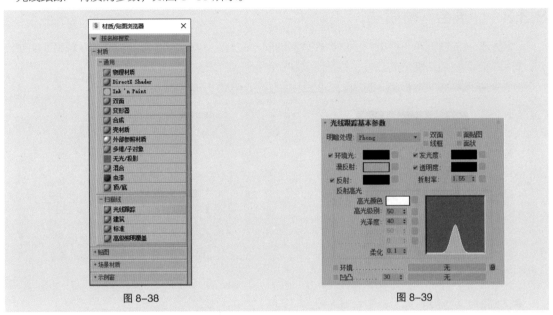

图 8-38

图 8-39

2. "光线跟踪"材质的基本参数

打开"明暗处理"下拉列表，会发现"光线跟踪"材质只有 5 种明暗方式，分别是"Phong""Blinn""金属""Oren-Nayar-Blinn""各向异性"，如图 8-40 所示，这 5 种方式的属性和用法与"标准"材质中的是相同的。

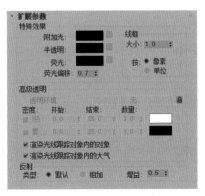

图 8-40

3. "光线跟踪"材质的扩展参数

"扩展参数"卷展栏中的参数用于对"光线跟踪"材质的特殊效果进行设置，如图 8-41 所示。

"特殊效果"选项组部分参数的介绍如下。

● 附加光：这项功能像环境光一样，用于模拟从一个对象放射到另一个对象上的光。

● 半透明：可用于制作薄对象的表面效果，有阴影投在薄对象的表面。当用在厚对象上时，可以用于制作类似于蜡烛或有雾的玻璃效果。

● 荧光和荧光偏移："荧光"使材质发出类似黑色灯光下的荧光颜色，它将使材质被照亮，就像被白光照亮，而不管场

图 8-41

景中光的颜色；而"荧光偏移"决定亮度，1.0 表示最亮，0 表示不起作用。

"高级透明"选项组部分参数的介绍如下。

● 密度和颜色：可以使用颜色密度创建彩色玻璃效果，其效果取决于对象的厚度和"数量"的数值，"开始"参数用于设置颜色开始的位置，"结束"参数用于设置颜色达到最大值的位置。

"反射"选项组用于决定反射时漫反射颜色的发光效果。

● 类型：选择"默认"单选项时，反射被分层，把反射放在当前漫反射颜色的顶端；选择"相加"单选项时，给漫反射颜色添加反射颜色。

● 增益：用于控制反射的亮度，取值范围为 0 ~ 1。

8.3.3 "混合"材质

"混合"材质将两种不同的材质融合在表面的同一面上，如图 8-42 所示。通过设置不同的融合度，可控制两种材质表现出的强度，并且可以制作出材质变形动画。

"混合基本参数"卷展栏（见图 8-43）中参数的介绍如下。

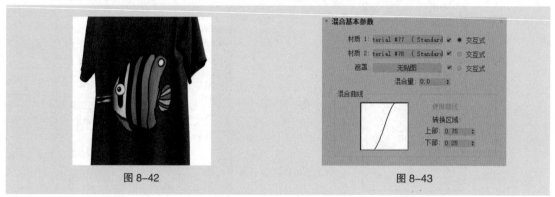

图 8-42　　　　　　　　　　　图 8-43

● 材质 1、材质 2：通过单击右侧的按钮可选择相应的材质。

● 遮罩：选择一张图案或程序贴图作为蒙版，利用蒙版图案的明暗度来决定两个材质的融合情况。

● 交互式：在视图中以"平滑 + 高光"方式交互渲染时，指定显示在对象表面的材质。

● 混合量：确定融合的百分比例，对无蒙版贴图的两个材质进行融合时，依据它来调节混合程度。值为 0 时，"材质 1"完全可见，"材质 2"不可见；值为 1 时，"材质 1"不可见，"材质 2"可见。

● 混合曲线：控制蒙版贴图中黑白过渡区造成的材质融合的尖锐或柔和程度，专用于使用了 Mask 蒙版贴图的融合材质。

● 使用曲线：确定是否使用混合曲线来影响融合效果。

● 转换区域：分别调节"上部"和"下部"的数值来控制混合曲线。两值相近时，会产生清晰、尖锐的融合边缘；两值差距很大时，会产生柔和、模糊的融合边缘。

8.3.4 "合成"材质

"合成"材质可以复合 10 种材质。复合方式有增加不透明度、相减不透明度和基于数量混合 3 种，分别用 A、S 和 M 表示。

"合成基本参数"卷展栏（见图 8-44）中参数的介绍如下。

● 基础材质：指定基础材质，默认为标准材质。

● 材质 1 ~ 材质 9：在此选择要进行复合的材质，前面的复选

图 8-44

框用于控制是否使用该材质，默认启用。

● A（增加不透明度）：将各个材质的颜色依据其不透明度进行相加，总计作为最终的材质颜色。

● S（相减不透明度）：将各个材质的颜色依据其不透明度进行相减，总计作为最终的材质颜色。

● M（基于数量混合）：将各个材质依据其数量进行混合复合。颜色与不透明度的复合方式与不使用蒙版下的融合方式相同。

● 数量：控制混合的数量。

8.3.5 "多维 / 子对象"材质

将多个材质组合为一种复合式材质，分别为一个对象的不同子对象指定选择级别，即可创建"多维 / 子对象"材质。

"多维 / 子对象基本参数"卷展栏（见图 8-45）中参数的介绍如下。

● 设置数量：设置拥有子材质的数目，注意如果减少数目，会将已经设置的材质丢失。

● 添加：单击后添加一个新的子材质。新材质默认的 ID 为当前最大的 ID 加 1。

● 删除：单击后删除当前选择的子材质。

● ID：单击后按子材质 ID 的升序排列。

● 名称：单击后按名称栏中指定的名称进行排序。

● 子材质：单击后按子材质的名称进行排序。

图 8-45

8.4　纹理贴图

对于纹理较为复杂的材质，用户一般都会采用贴图来实现。使用贴图能在不增加物体复杂度的基础上增加物体的细节，提高材质的真实性。

8.4.1　课堂案例——制作金属和木纹材质

【案例学习目标】掌握使用"光线跟踪"材质和"位图"贴图的方法和技巧。

【案例知识要点】使用"光线跟踪"材质，设置明暗器基本参数，通过为"反射""漫反射"指定贴图来表现黑色塑料、布料和木纹材质，效果如图 8-46 所示。

制作金属和
木纹材质

图 8-46

【素材文件位置】云盘 / 贴图。

【模型文件所在位置】云盘 / 场景 /Ch08/ 木马 .max。

【原始模型文件所在位置】云盘 / 场景 /Ch08/ 木马 o.max。

（1）运行 3ds Max，选择"文件 > 打开"命令，打开云盘中的"场景 > Ch08 > 木马 o.max"文件，该场景没有设置材质。

（2）在场景中选择木马模型，将选择集定义为"元素"，在场景中选择图 8-47 所示的元素，在"多边形：材质 ID"卷展栏中设置"设置 ID"为 1。

（3）选择图 8-48 所示的元素，设置"设置 ID"为 2。选择图 8-49 所示的元素，设置"设置 ID"为 3。

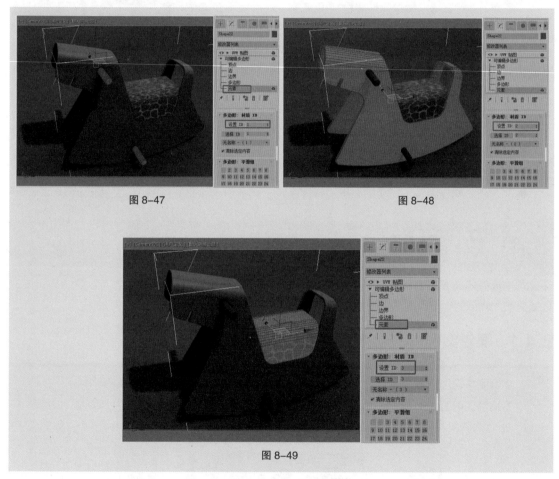

图 8-47

图 8-48

图 8-49

（4）打开"材质编辑器"面板，选择一个新的材质样本球。单击名称右侧的"Standard"按钮，在弹出的对话框中选择材质为"多维 / 子对象"材质，单击"确定"按钮，弹出"替换材质"对话框，从中选择"将旧材质保存为子材质？"单选项，单击"确定"按钮，如图 8-50 所示。

（5）转换为"多维 / 子对象"材质后可以发现 1 号材质为标准材质，在"多维 / 子对象基本参数"卷展栏中单击"设置数量"按钮，在弹出的"设置材质数量"对话框中设置"材质数量"为 3，单击"确定"按钮，如图 8-51 所示。

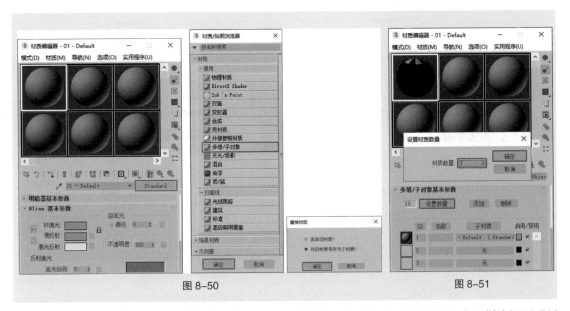

图 8-50　　　　　　　　　　　　　　　　　　　　　　　　　　图 8-51

（6）单击 1 号材质后的材质按钮，进入 1 号材质面板，在"Blinn 基本参数"卷展栏中设置"环境光"和"漫反射"的"红""绿""蓝"为 74、74、74，设置"反射高光"选项组的"高光级别"为 20、"光泽度"为 4，如图 8-52 所示。

（7）在"贴图"卷展栏中单击"反射"后的"无贴图"按钮，在弹出的"材质 / 贴图浏览器"对话框中选择"光线跟踪"贴图，单击"确定"按钮，进入贴图层级面板，使用默认的参数。单击 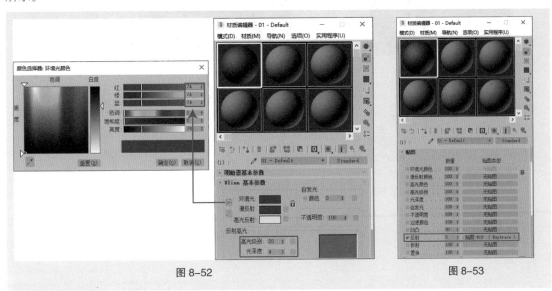（转到父对象）按钮，返回到 1 号材质面板，设置"反射"的"数量"为 5，如图 8-53 所示。

图 8-52　　　　　　　　　　　　　　　　　　　　　　　　　　图 8-53

（8）单击 （转到父对象）按钮，返回到"多维 / 子对象"材质面板，单击 2 号材质后的"无"按钮，在弹出的对话框中选择"光线跟踪"材质，单击"确定"按钮，如图 8-54 所示。

（9）进入 2 号材质面板，在"光线跟踪基本参数"卷展栏中设置"反射"的"红""绿""蓝"均为 15，设置"高光级别"和"光泽度"分别为 50、40，如图 8-55 所示。

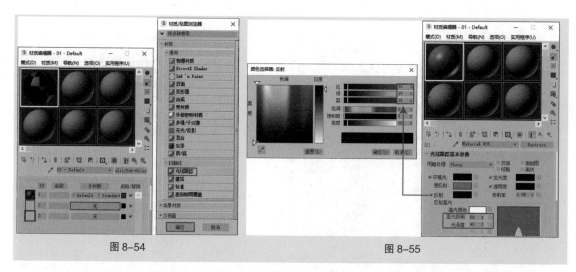

图 8-54　　　　　　　　　　　　图 8-55

（10）在"贴图"卷展栏中单击"漫反射"后的"无"按钮，在弹出的"材质 / 贴图浏览器"对话框中选择"位图"贴图，继续在弹出的对话框中选择贴图"107.JPG"文件，打开贴图文件后，单击 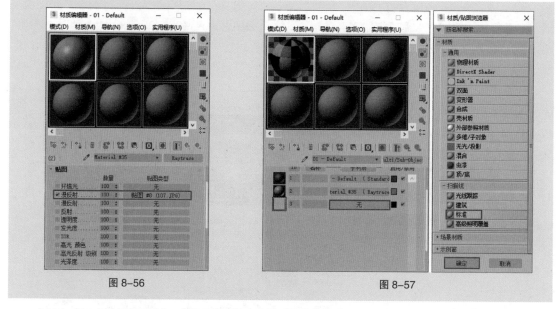（转到父对象）按钮，如图 8-56 所示。

（11）单击 （转到父对象）按钮，返回到"多维 / 子对象"材质面板，单击 3 号材质后的"无"按钮，在弹出的"材质 / 贴图浏览器"对话框中选择"标准"材质，单击"确定"按钮，如图 8-57 所示。

图 8-56　　　　　　　　　　　　图 8-57

（12）在 3 号材质面板中，设置"反射高光"选项组的"高光级别"为 6、"光泽度"为 0，如图 8-58 所示。

（13）在"贴图"卷展栏中单击"漫反射颜色"后的"无"按钮，在弹出的"材质 / 贴图浏览器"对话框中选择"位图"贴图，继续在弹出的对话框中选择贴图"22123.JPG"文件，打开贴图文件后，单击 （转到父对象）按钮，如图 8-59 所示。

（14）单击 （转到父对象）按钮，返回到"多维 / 子对象"材质面板，单击 （将材质指定给选定对象）按钮，金属和木纹材质制作完成。

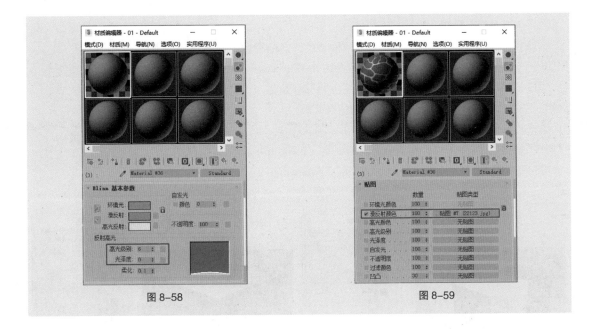

图 8-58   图 8-59

8.4.2　贴图坐标

　　贴图在空间上是有方向的，当为对象指定一个二维贴图材质时，对象必须使用贴图坐标。贴图坐标指明了贴图投射到材质上的方向，以及是否被重复平铺或镜像等，它使用 UVW 坐标轴的方式来指明对象的方向。

　　在贴图通道中选择纹理贴图后，材质编辑器会显示纹理贴图的编辑参数，二维贴图与三维贴图的参数非常相似，图 8-60 所示分别是 "位图" 和 "凹痕" 贴图的编辑参数。

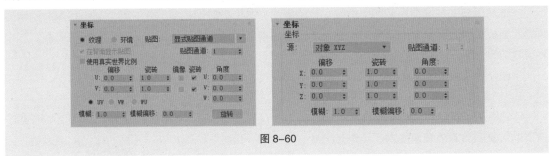

图 8-60

8.4.3　二维贴图

　　二维贴图是使用二维的图像贴在物体表面或使用环境贴图为场景创建背景图像的，其他二维贴图都属于程序贴图。程序贴图是由计算机生成的贴图图像效果。

1.　"位图" 贴图

　　"位图" 贴图是最简单，也是最常用的二维贴图。它是在物体表面形成一个平面的图案。位图支持格式为 JPG、TIF、TGA、BMP 的静帧图像以及格式为 AVI、FLC、FLI 等的动画文件。

　　单击 ▦（材质编辑器）按钮，打开 "材质编辑器" 面板，在 "贴图" 卷展栏中单击 "漫反射颜色" 右侧的 "无" 按钮，在弹出的 "材质 / 贴图浏览器" 对话框中选择 "位图" 贴图，弹出 "选择位图图像文件" 窗口，从中查找贴图并打开，进入 "位图" 贴图的参数控制面板，如图 8-61 所示。

2. "棋盘格"贴图

该贴图是一种程序贴图，可以生成两种颜色的方格图像，如果使用了重复平铺，则效果与棋盘相似，如图 8-62 所示。

打开"材质编辑器"面板，在"漫反射颜色"贴图通道中选择"棋盘格"贴图，如图 8-63 所示，进入参数控制面板。

3. "渐变"贴图

该贴图可以混合 3 种颜色以形成渐变效果，如图 8-64 所示。

打开"材质编辑器"面板，在"漫反射颜色"贴图通道中应用"渐变"贴图，如图 8-65 所示，进入参数控制面板。

图 8-61

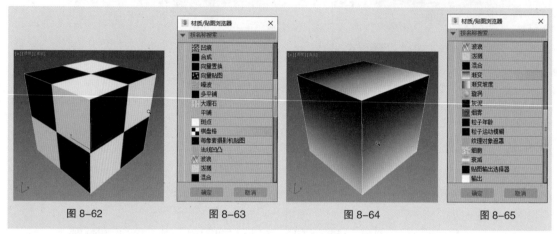

图 8-62　　　　图 8-63　　　　图 8-64　　　　图 8-65

8.4.4 三维贴图

三维贴图属于三维程序贴图，由数学算法生成，这一类贴图最多，在三维空间中贴图时使用最频繁。当投影共线时，它们紧贴对象并且不会像二维贴图那样产生褶皱，而是均匀覆盖表面。如果对象被切掉一部分，贴图会沿着剪切的边对齐。

下面介绍几种常用的三维贴图。

1. "衰减"贴图

该贴图用于表现颜色的衰减效果，如图 8-66 所示。"衰减"贴图定义了一个灰度值，以被赋予材质的对象表面的法线角度为起点进行渐变。通常把"衰减"贴图用在"不透明度"贴图通道，用于对对象的不透明度进行控制。

选择"衰减"贴图后，材质编辑器中会显示"衰减参数"卷展栏，如图 8-67 所示。

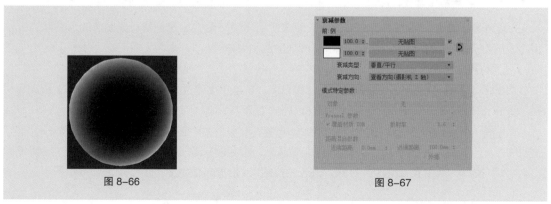

图 8-66　　　　　　　　図 8-67

2. “噪波”贴图

该贴图可以使物体表面产生起伏而不规则的噪波效果，如图 8-68 所示。在建模中经常会在“凹凸”贴图通道中使用。

选择“噪波”贴图后，“材质编辑器”面板中会显示“噪波参数”卷展栏，如图 8-69 所示。

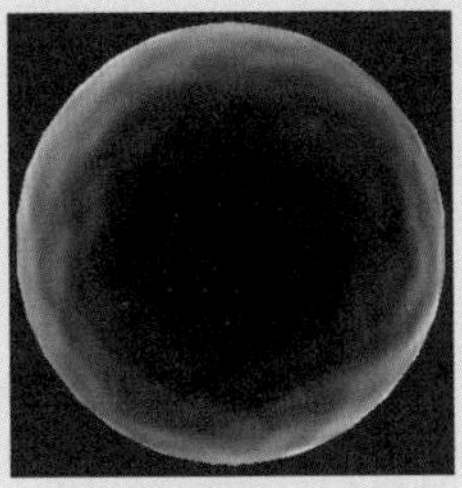

图 8-68

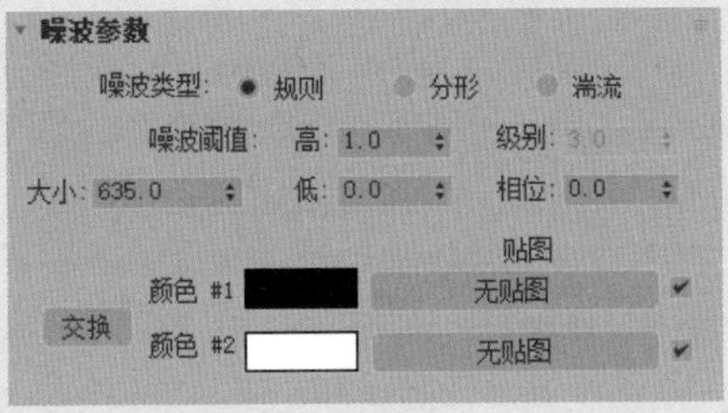

图 8-69

8.4.5 合成贴图

合成贴图是指将不同颜色或贴图合成在一起的一类贴图。在进行图像处理时，使用合成贴图能够将两种或更多的图像按指定方式结合在一起。

1. “合成”贴图

“合成”贴图由其他贴图组成，并且可使用 Alpha 通道和其他方法将某层置于其他层之上。对于此类贴图，可使用已含 Alpha 通道的叠加图像，或使用内置遮罩工具仅叠加贴图中的某些部分。

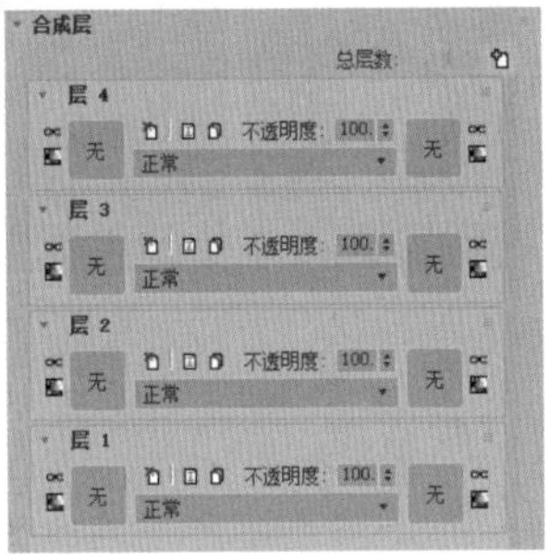

图 8-70

“合成层”卷展栏（见图 8-70）中参数的介绍如下。

总层数：数值字段会显示贴图层数。要在层堆栈的顶部添加层，可单击（添加新层）按钮。

“层”卷展栏中参数的介绍如下。

- （隐藏该层）：启用此按钮后，层将处于隐藏状态，并且不影响输出。
- （对该纹理进行颜色校正）：将颜色修正贴图应用到贴图，并打开颜色修正贴图界面。可使用其中的控件修改贴图颜色。
- （删除该层）：删除该层。
- （重命名该层）：打开对话框以命名或重命名该层。
- （复制该层）：创建层的精确副本，并将其插到最接近层的位置。
- 不透明度：层未遮罩部分的相对透明度。
- 无：左侧的“无”为贴图按钮，右侧的“无”为指定遮罩贴图的按钮。
- 混合模式：指定层像素与基本层中层像素的交互方式。大家可以试着自己调试，具体效果这里就不一一说明了。

2. “遮罩”贴图

使用“遮罩”贴图，可以在曲面上通过一种材质查看另一种材质。遮罩控制应用到曲面的第二个贴图的位置，如图 8-71 所示。

“遮罩参数”卷展栏（见图 8-72）中参数的介绍如下。

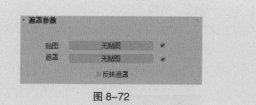

图 8-71   图 8-72

- 贴图：选择或创建要通过遮罩查看的贴图。
- 遮罩：选择或创建用作遮罩的贴图。
- 反转遮罩：反转遮罩的效果。

3. "混合"贴图

通过"混合"贴图可以将两种颜色或材质合成在曲面的一侧，也可以将"混合量"参数设为动画，然后绘制出使用变形功能曲线的贴图来控制两个贴图随时间混合的方式。图 8-73 左侧和中间的图像为要混合的图像，图 8-73 右侧为设置"混合量"为 50% 后的图像效果。

"混合参数"卷展栏（见图 8-74）中参数的介绍如下。

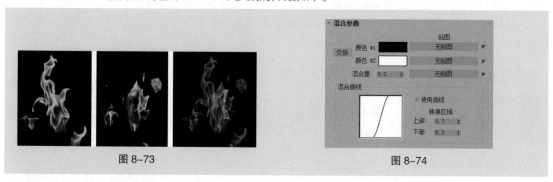

图 8-73   图 8-74

- 交换：交换两种颜色或贴图。
- 颜色 #1、颜色 #2：设置要混合的两种颜色。
- 贴图：选中或创建要混合的位图或者程序贴图来替换每种颜色。
- 混合量：确定混合的比例。其值为 0 时意味着只有"颜色 #1"在曲面上可见，其值为 1 时意味着只有"颜色 #2"可见。也可以使用贴图而不是混合值。两种颜色会根据贴图的强度以大一些或小一些的程度混合。
- 混合曲线：这些参数控制要混合的两种颜色间变换的渐变或清晰程度。
- 使用曲线：确定"混合曲线"是否对混合产生影响。
- 上部、下部：调整上限和下限的级别。如果两个值相等，两个材质会在一个明确的边上相接。

8.4.6　反射和折射贴图

该类贴图用于处理反射和折射效果，包括"平面镜"贴图、"光线追踪"贴图、"反射 / 折射"贴图和"薄壁折射"贴图等。

下面介绍几种常用的反射和折射贴图。

1. "光线追踪"贴图

该贴图可以创建出很好的光线反射和折射效果，其原理与"光线跟踪"材质相似，渲染速度要比"光线跟踪"材质快，但相对于其他贴图来说，速度还是比较慢的。

使用"光线追踪"贴图,可以比较准确地模拟出真实世界中的反射和折射效果,如图 8-75 所示。

在建模过程中,为了模拟反射和折射效果,通常会在"反射"贴图通道或"折射"贴图通道中使用"光线追踪"贴图。选择"光线追踪"贴图后,"材质编辑器"面板中会显示"光线追踪"贴图的参数卷展栏,如图 8-76 所示。

图 8-75   图 8-76

2. "反射/折射"贴图

该贴图能够创建在对象上反射和折射另一个对象影子的效果。它从对象的每个轴产生渲染图像,就像立方体的一个表面上的图像,然后把这些被称为立方体贴图的渲染图像投影到对象上,如图 8-77 所示。

在建模过程中,要创建反射效果,可以在"反射"贴图通道中选择"反射/折射"贴图,要创建折射效果,可以在"折射"贴图通道中选择"反射/折射"贴图。

选择"反射/折射"贴图后,"材质编辑器"面板中会显示"反射/折射"贴图的参数卷展栏,如图 8-78 所示。

图 8-77

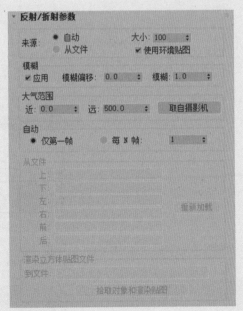

图 8-78

8.5 VRay 材质

下面简单介绍 VRay 材质，只有在安装并指定"VRay 渲染器"后，VRay 相应的灯光、材质、摄影机、渲染、特殊模型等才可以正常应用。

8.5.1 "VRayMtl"材质

"VRayMtl"材质是使用频率最高的材质，也是使用范围最广的材质。"VRayMtl"材质除了能完成反射、折射等效果之外，还能出色地表现 SSS 和 BRDF 等效果。

"VRayMtl"材质的参数设置面板包含"基本参数""贴图""涂层参数""光泽参数""双向反射分布函数""选项"6 个卷展栏，如图 8-79 所示。

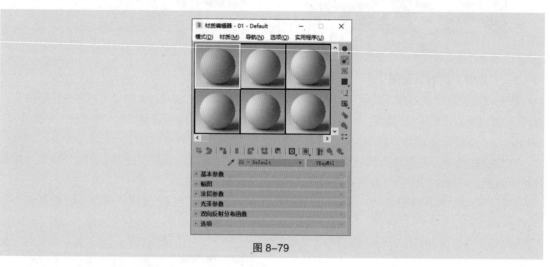

图 8-79

3ds Max 核心应用案例教程（全彩慕课版）（3ds Max 2020）

136

8.5.2 "VR 灯光材质"

"VR 灯光材质"主要用于制作霓虹灯、屏幕等自发光效果。其"参数"卷展栏如图 8-80 所示。

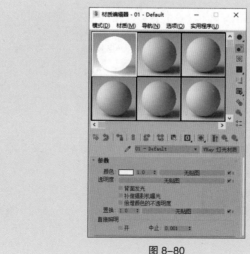

图 8-80

8.5.3 "VR 材质包裹器"材质

在使用 VRay 渲染器渲染场景时，会出现某种对象的反射影响到其他对象的情况，这就是色溢现象。VRay 提供了"VR 材质包裹器"材质，该材质可以有效地避免色溢现象。图 8-81 左侧为控制色溢现象的效果，图 8-81 右侧为将红色材质转换为"VR 材质包裹器"材质，并将"生成全局照明"设置为 0.3 的效果。"VRay 材质包裹器参数"卷展栏如图 8-82 所示。

图 8-81   图 8-82

8.5.4 UVW 贴图

对纹理贴图的坐标进行编辑，还有一个更快捷、直观的方法——使用"UVW 贴图"命令，"UVW贴图"命令可以为贴图坐标的设定带来更多的灵活性。

在建模过程中会经常遇到这样的问题：要将同一种材质赋予不同的物体，需要根据物体的不同形态调整材质的贴图坐标。由于材质球数量有限，不可能按照物体的数量分别编辑材质，因此这时就要使用"UVW 贴图"命令对物体的贴图坐标进行编辑。

"UVW 贴图"命令属于修改命令。首先在视图中创建一个物体，赋予物体材质贴图，然后在修改命令面板中选择"UVW 贴图"，其参数如图 8-83 所示。

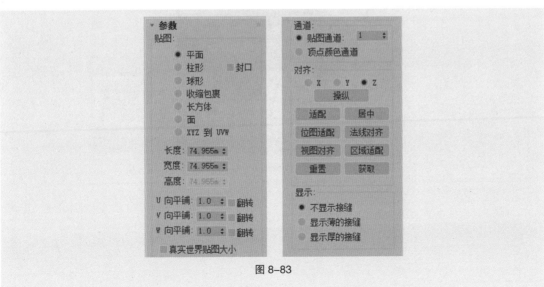

图 8-83

8.6 | 课堂练习——制作大理石材质

【练习知识要点】为"漫反射"指定"位图"贴图，并设置一个"反射"颜色或贴图，制作出大理石材质的效果，效果如图8-84所示。

【素材文件位置】云盘 / 贴图。

【参考模型文件所在位置】云盘 / 场景 /Ch08/ 制作大理石材质 .max。

制作大理石材质

图 8-84

8.7 | 课后习题——制作 VRay 灯光材质

【习题知识要点】使用"VRay 灯光材质"制作出发光效果，效果如图8-85所示。

【素材文件位置】云盘 / 贴图。

【参考模型文件所在位置】云盘 / 场景 /Ch08/ 制作 VRay 灯光材质 .max。

制作 VRay 灯光材质

图 8-85

09

第 9 章

应用灯光和摄影机

▶ ## 本章介绍

本章介绍 3ds Max 的灯光系统，重点讲解标准灯光和摄影机的使用方法、参数设置，以及对灯光特效的设置方法。通过本章的学习，读者可以掌握标准灯光和摄影机的使用方法，能够根据场景的实际情况进行灯光设置。

知识目标

- 了解标准灯光
- 掌握灯光的参数和特效
- 了解 VRay 灯光
- 掌握摄影机的参数设置

第 9 章简介

能力目标

- 掌握标准灯光的创建与使用
- 掌握 VRay 灯光的创建和使用
- 掌握摄影机的创建与使用

素养目标

- 培养学生敏锐的观察能力
- 培养学生积极实践的学习态度

9.1 灯光的使用和特效

灯光的主要作用是配合场景营造气氛，所以应该和所照射的物体一起渲染来体现效果。如果将暖色调的光照射在冷色调的场景中，可能会让人感到不舒服。

9.1.1 课堂案例——创建台灯光效

【案例学习目标】学习"体积光"特效。

【案例知识要点】通过创建"目标聚光灯"，并为聚光灯添加"体积光"效果，完成台灯光效的制作，效果如图 9-1 所示。

【素材文件位置】云盘 / 贴图。

【模型文件所在位置】云盘 / 场景 /Ch09/ 台灯 .max。

【原始模型文件所在位置】云盘 / 场景 /Ch09/ 台灯光效 .max。

创建台灯
光效

图 9-1

（1）选择"文件 > 打开"命令，打开云盘中的"场景 > Ch09 > 台灯 .max"文件，如图 9-2 所示。渲染当前场景，得到图 9-3 所示的效果。

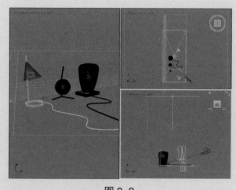

图 9-2

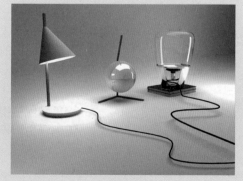

图 9-3

（2）单击" ✛ （创建） > 💡（灯光） > 标准 > 目标聚光灯"按钮，在"前"视图中台灯的位置创建目标聚光灯，在场景中调整灯光的位置和照射角度。切换到 （修改）命令面板，在"强度 / 颜色 / 衰减"卷展栏中设置"倍增"为 0.2，在"远距衰减"中勾选"使用"和"显示"复选框，设置"开始"为 300、"结束"为 706.4。在"聚光灯参数"卷展栏中设置"聚光区 / 光束"为 20、"衰减区 / 区域"为 60。在"大气和效果"卷展栏中单击"添加"按钮，在弹出的"添加大气或效果"对话框中选择"体积光"，单击"确定"按钮，添加体积光，如图 9-4 所示。

（3）对场景进行渲染，得到体积光效果。如果对当前效果不满意，可以调整参数，这就不详细介绍了。

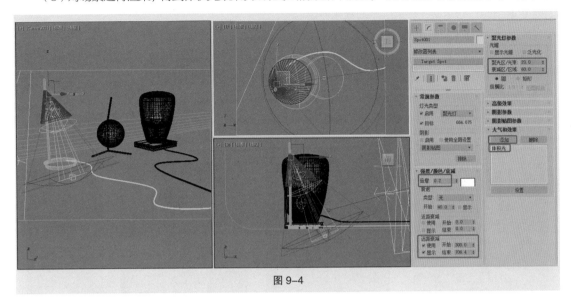

图 9-4

9.1.2　标准灯光

3ds Max 中的灯光可分为标准灯光和光度灯光学两种类型。标准灯光是 3ds Max 的传统灯光。系统提供了 6 种标准灯光，分别是目标聚光灯、自由聚光灯、目标平行光、自由平行光、泛光和天光，如图 9-5 所示。

下面对标准灯光进行简单介绍。

1. 标准灯光的创建

目标聚光灯和目标平行光的创建方法相同，在"创建"命令面板中单击灯光的创建按钮后，在视图中按住鼠标左键并进行拖曳，在合适的位置松开鼠标左键即可完成创建。在创建过程中，移动鼠标指针可以改变目标点的位置。创建完成后，还可以单独选择光源和目标点，利用移动和旋转工具改变位置和角度。

其他类型的标准灯光只需单击灯光的创建按钮后，在视图中单击即可完成创建。

2. 目标聚光灯和自由聚光灯

聚光灯是一种有方向的光源，类似于舞台上的强光灯。它可以准确控制光束的大小、焦点、角度，是建模中经常使用的光源，如图 9-6 所示。

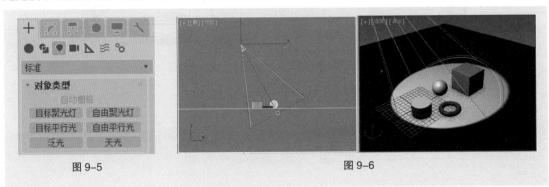

图 9-5　　　　　　　　　　　　　　　　　　　　图 9-6

目标聚光灯：可以向移动目标点投射光，具有照射焦点和方向性，如图9-7所示。

自由聚光灯：功能和目标聚光灯一样，只是没有定位的目标点，光是沿着一个固定的方向照射的，如图9-8所示。自由聚光灯常用于动画制作中。

3. 目标平行光和自由平行光

平行光可以在一个方向上发射平行的光源，主要用于模拟太阳光。用户可以调整光的颜色、角度和位置的参数。

目标平行光和自由平行光没有太大的区别，当需要光线沿路径移动时，应该使用目标平行光；当光源位置不固定时，应该使用自由平行光。目标平行光如图9-9所示，自由平行光如图9-10所示。

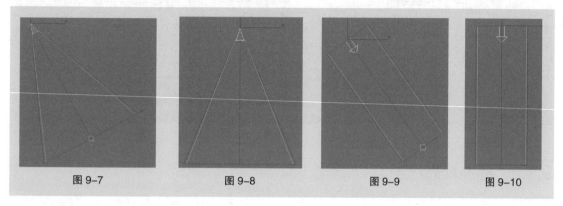

图9-7　　　　　　图9-8　　　　　　图9-9　　　　　　图9-10

4. 泛光

泛光是一种点光源，向各个方向发射光线，能照亮所有面向它的对象，如图9-11所示。通常，泛光用于模拟点光源或作为辅助光在场景中添加充足的光照效果。

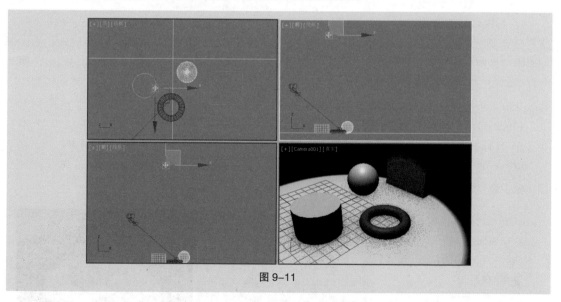

图9-11

5. 天光

天光能够创建出全局光照效果，配合光能传递渲染功能，可以创建出非常自然、柔和的渲染效果。天光没有明确的方向，就好像一个覆盖整个场景、很大的半球发出的光，能从各个角度照射场景中的物体，如图9-12所示。

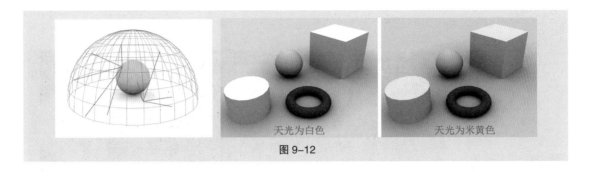

图 9-12

天光为白色

天光为米黄色

9.1.3 标准灯光的参数

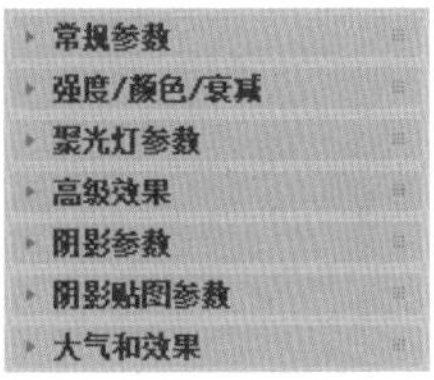

标准灯光的参数大部分都是相同或相似的，只有天光具有自身的修改参数，但比较简单。下面就以目标聚光灯的参数为例，介绍标准灯光的参数。

在"创建"命令面板中单击"　（创建）＞　（灯光）＞标准＞目标聚光灯"按钮，在视图中创建一盏目标聚光灯，单击　（修改）按钮切换到"修改"命令面板，"修改"命令面板中会显示出目标聚光灯的参数，如图 9-13 所示。

图 9-13

1. "常规参数"卷展栏

该卷展栏是所有类型的灯光都有的，用于设定灯光的开启和关闭、灯光的阴影、包含或排除对象以及灯光阴影的类型等，如图 9-14 所示。

3ds Max 中的阴影类型有 4 种，分别是高级光线跟踪、区域阴影、阴影贴图和光线跟踪阴影。如果安装有 VRay，在该列表中会出现 VRay 阴影。

"排除"按钮用于设置灯光是否照射某个对象，或者是否使某个对象产生阴影。单击该按钮，会弹出"排除 / 包含"对话框，如图 9-15 所示。在"排除 / 包含"对话框左边选择要排除的物体后，单击 >> 按钮即可将其排除；如果要撤销对物体的排除，则在右边选择物体，单击 << 按钮即可。

图 9-14

2. "强度 / 颜色 / 衰减"卷展栏

该卷展栏用于设定灯光的强弱、颜色以及灯光的衰减参数，如图 9-16 所示。

图 9-15

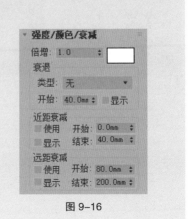

图 9-16

"近距衰减"选项组用于设定灯光亮度开始减弱的距离，如图 9-17 所示。

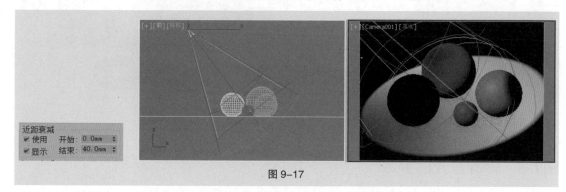

图 9-17

"远距衰减"选项组用于设定灯光亮度减弱为 0 的距离，如图 9-18 所示。

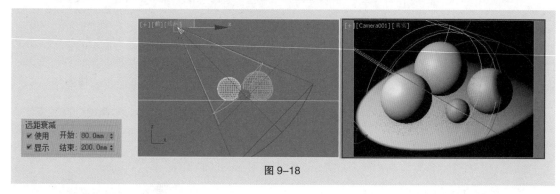

图 9-18

3. "聚光灯参数"卷展栏

该卷展栏用于控制聚光灯的"聚光区 / 光束"和"衰减区 / 区域"等，是聚光灯特有的参数卷展栏。

"聚光区 / 光束"和"衰减区 / 区域"两个参数的作用可以理解为调节灯光的内外衰减，如图 9-19 所示。

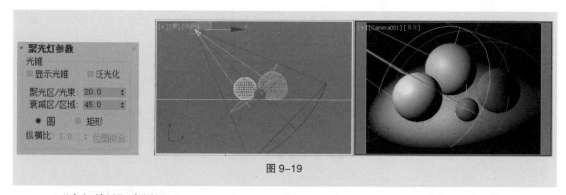

图 9-19

4. "高级效果"卷展栏

该卷展栏用于控制灯光影响表面区域的方式，并提供了对投影灯光的调整和设置参数，如图 9-20 所示。

"投影贴图"选项组能够将图像投射在物体表面，可以用于模拟投影仪和放映机等效果，如图 9-21 所示。

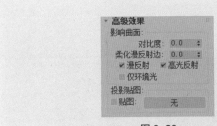

图 9-20

图 9-21

5. "阴影参数"卷展栏

该卷展栏用于选择阴影方式，设置阴影的效果，如图 9-22 所示。

贴图：可以将物体产生的阴影变成所选择的图像，如图 9-23 所示。

图 9-22

图 9-23

6. "阴影贴图参数"卷展栏

选择阴影类型为"阴影贴图"后，将出现"阴影贴图参数"卷展栏，如图 9-24 所示。这些参数用于控制灯光投射阴影的质量。

偏移：该数值框用于调整物体与产生的阴影图像之间的距离。数值越大，阴影与物体之间的距离就越大。图 9-25 中左图为将"偏移"设置为 1 后的效果，图 9-25 中右图为将"偏移"设置为 10 后的效果。右图看上去物体好像悬浮在空中，实际上是因为影子与物体之间有距离。

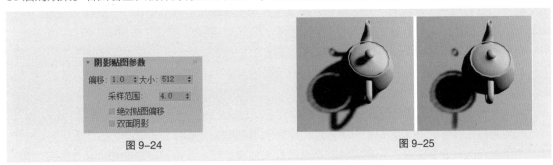

图 9-24

图 9-25

9.1.4　天光的特效

天光在标准灯光中是比较特殊的一种灯光，主要用于模拟自然光线，能表现全局光照的效果。在 3ds Max 中，光线就好像在真空中一样，光照不到的地方是黑暗的，所以，在创建灯光时，一定要让光照射在物体上。

可以不考虑位置和角度，在视图中的任意位置创建天光，都会有自然光的效果。下面介绍天光的参数。

单击"➕（创建）> 💡（灯光）> 标准 > 天光"按钮，在任意视图中单击，即可创建一盏天光。"创建"命令面板中会显示天光的参数，如图 9-26 所示。

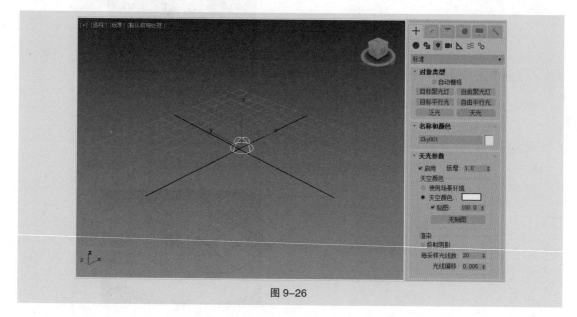

图 9-26

启用：用于打开或关闭天光。勾选该复选框，将在阴影和渲染计算的过程中利用天光来照亮场景。

倍增：用于调整灯光的强度。

1. "天空颜色"选项组

使用场景环境：选择该单选项，将利用"环境和效果"对话框中的环境设置来设定灯光的颜色。只有当光线跟踪处于激活状态时，该设置才有效。

天空颜色：选择该单选项，可通过单击颜色框打开"颜色选择器"对话框，并从中选择天光的颜色。一般使用天光时保持默认的颜色即可。

贴图：可利用贴图来影响天光的颜色，该复选框用于控制是否激活贴图，右侧的微调器用于设置使用贴图的百分比，小于 100% 时，贴图颜色将与天空颜色混合，"无"按钮用于指定一个贴图。只有当光线跟踪处于激活状态时，贴图才有效。

2. "渲染"选项组

投射阴影：勾选该复选框时，天光可以投射阴影，默认是未勾选的。

每采样光线数：设置用于计算照射到场景中给定点上的天光的光线数量，默认值为 20。

光线偏移：设置对象可以在场景中给定点上投射阴影的最小距离。

使用天光时一定要注意，天光必须配合高级灯光使用才能起作用，否则即使创建了天光，也不会有自然光的效果。下面介绍如何使用天光表现全局光照效果，操作步骤如下。

（1）单击"➕（创建）> ●（几何体）> 标准基本体 > 茶壶"按钮，在"顶"视图中创建一个茶壶。单击"➕（创建）> 💡（灯光）> 标准 > 天光"按钮，在视图中创建一盏天光。在工具栏中单击🎬（渲染产品）按钮，渲染效果如图 9-27 所示。可以看出，渲染后的效果并不是真正的天光效果。

（2）在工具栏中单击🎬（渲染设置）按钮，弹出"渲染设置"面板。切换到"高级照明"选项卡，在"选择高级照明"卷展栏的下拉列表中选择"光跟踪器"渲染器，如图 9-28 所示。

（3）单击"渲染"按钮，对视图中的茶壶再次进行渲染，得到天光的效果，如图 9-29 所示。

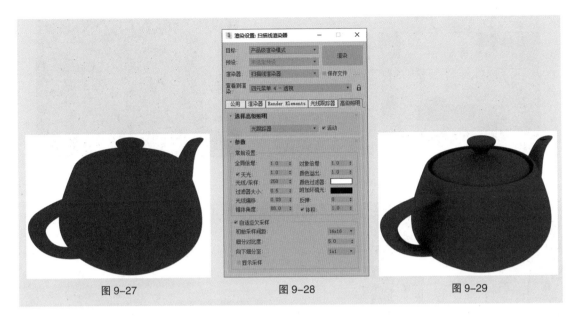

图 9-27 图 9-28 图 9-29

9.1.5 课堂案例——为卫浴场景布光

【案例学习目标】掌握 VRay 灯光的使用方法。

【案例知识要点】通过为卫浴场景布光来学习 VRay 灯光的使用，效果如图 9-30 所示。

【素材文件位置】云盘 / 贴图。

【模型文件所在位置】云盘 / 场景 /Ch09/ 卫浴场景布光 .max。

【原始模型文件所在位置】云盘 / 场景 /Ch09/ 卫浴场景布光 o.max。

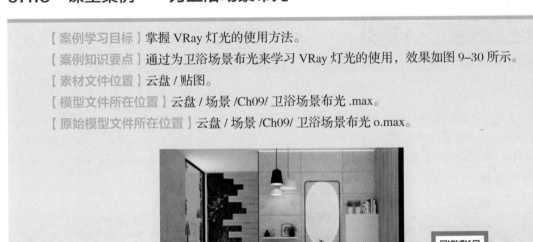

图 9-30

（1）运行 3ds Max，选择"文件 > 打开"命令，打开云盘中的"场景 > Ch09 > 卫浴场景布光 o.max"文件，如图 9-31 所示，渲染当前场景，得到图 9-32 所示的效果。

（2）可以看出窗外有发光材质。在此场景的基础上我们为其创建灯光。

（3）在窗户的位置创建 VRay 灯光，在场景中调整灯光的位置和灯光照明的朝向，切换到 （修改）命令面板，在"常规"卷展栏中设置"倍增"为 5，设置灯光颜色的"红""绿""蓝"为 177、206、255，设置一个冷色调的主光源；在"选项"卷展栏中勾选"不可见"复选框，取消勾选"影响高光"和"影响反射"两个复选框，如图 9-33 所示。

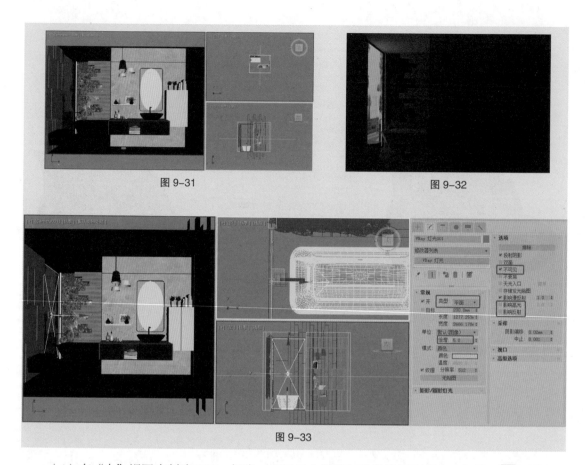

图 9-31　　　　　　　　　　　　图 9-32

图 9-33

（4）在"左"视图中创建 VRay 灯光，在场景中调整灯光的位置和朝向，切换到 （修改）命令面板，在"常规"卷展栏中设置"倍增"为 5，设置灯光颜色的"红""绿""蓝"为 255、227、196，设置灯光的颜色为暖色；在"选项"卷展栏中勾选"不可见"复选框，取消勾选"影响高光"和"影响反射"两个复选框，如图 9-34 所示。

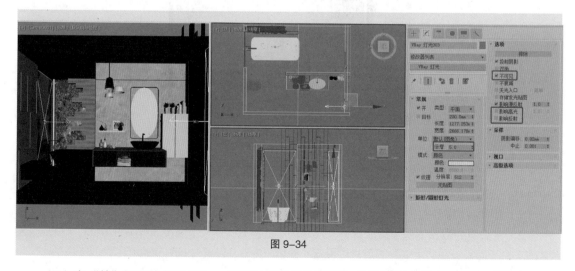

图 9-34

（5）在"前"视图中创建 VRay 灯光，在场景中调整灯光的位置和朝向，切换到 （修改）命令面板，在"常规"卷展栏中设置"倍增"为 5，设置灯光颜色的"红""绿""蓝"为 255、

227、196，设置灯光的颜色为暖色；在"选项"卷展栏中勾选"不可见"复选框，取消勾选"影响高光"和"影响反射"复选框，如图9-35所示。

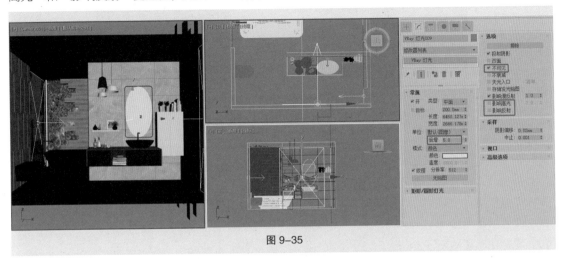

图 9-35

（6）在吊灯的位置创建 VRay 灯光，在场景中调整灯光的位置和朝向，切换到 （修改）命令面板，在"常规"卷展栏中选择灯光类型为"球体"，设置"半径"为20，设置"倍增"为50，设置灯光颜色的"红""绿""蓝"为255、217、177，设置灯光为暖光，如图9-36所示。

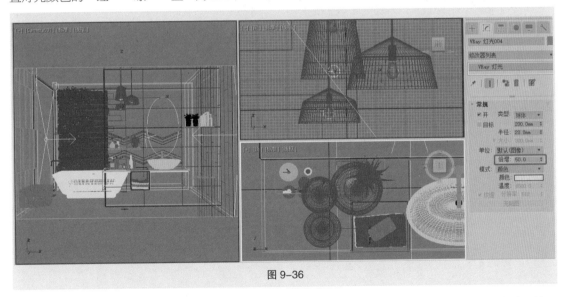

图 9-36

（7）在场景中选中镜面模型，在"顶"视图中按住 Shift 键的同时，沿 y 轴将其向上移动，松开鼠标，在弹出的"克隆选项"对话框中选择"复制"单选项，单击"确定"按钮，如图9-37所示，复制模型。

（8）在场景中创建 VRay 灯光，在场景中调整灯光的位置和朝向，切换到 （修改）命令面板，在"常规"卷展栏中选择灯光的"类型"为"网格"，设置灯光的"倍增"为5，在"网格灯光"卷展栏中单击"拾取网格"按钮，在场景中拾取复制出的镜子模型，将该模型转换为灯光，如图9-38所示。

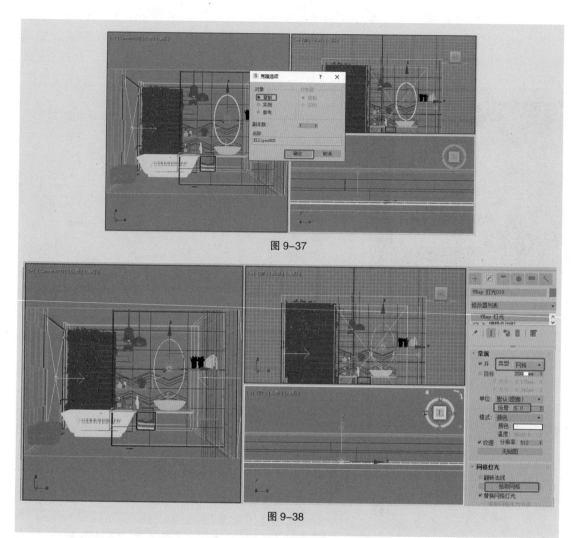

图 9-37

图 9-38

（9）在洗手台墙面的上方创建样条线，切换到 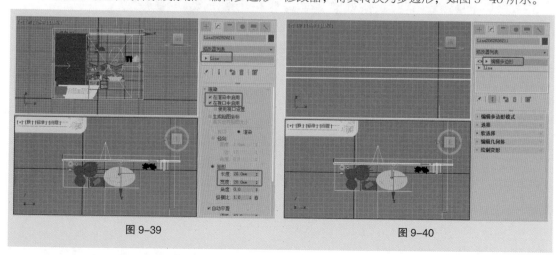（修改）命令面板，选中样条线，在"渲染"卷展栏中勾选"在渲染中启用"和"在视口中启用"复选框，选择渲染类型为"矩形"，设置"长度"为 20mm、"宽度"为 20mm，如图 9-39 所示。

（10）为可渲染的样条线添加"编辑多边形"修改器，将其转换为多边形，如图 9-40 所示。

图 9-39

图 9-40

（11）在场景中创建 VRay 灯光，在场景中调整灯光的位置和朝向，切换到 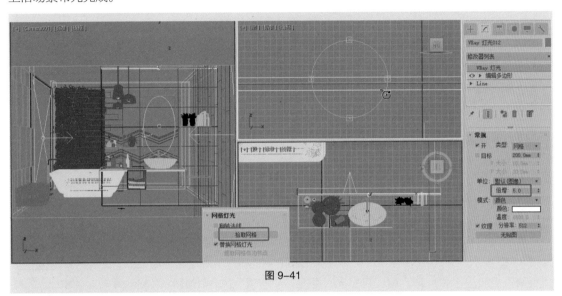（修改）命令面板，在"常规"卷展栏中选择灯光的"类型"为"网格"，设置灯光的"倍增"为5，在"网格灯光"卷展栏中单击"拾取网格"按钮，在场景中拾取转换为多边形的样条线，将该模型转换为灯光，作为墙面顶上的装饰线条灯，如图 9-41 所示。

（12）对场景进行渲染。如果场景过亮，可以减小灯光的"倍增"参数，这里就不详细介绍了。卫浴场景布光完成。

图 9-41

9.1.6　灯光的特效

标准灯光参数中的"大气和效果"卷展栏用于制作灯光特效，如图 9-42 所示。

添加：用于添加特效。单击该按钮后，会弹出"添加大气或效果"对话框，可以从中选择"体积光"或"镜头效果"，如图 9-43 所示。

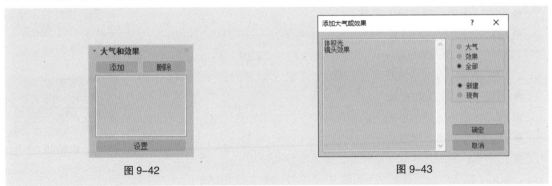

图 9-42　　　　　　　　　　　　　图 9-43

9.1.7　VRay 灯光

安装 VRay 渲染器后，VRay 灯光为 3ds Max 的标准灯光和光度学灯光提供了"VRay 阴影"的阴影类型，如图 9-44 所示，还提供了自己的灯光面板，可用于创建 VRay 灯光、VRay IES、VRay 环境光和 VRay 太阳，如图 9-45 所示。下面将介绍常用的 VRay 灯光和 VRay 太阳两种灯光以及"VRay 阴影参数"卷展栏。

1. "VRay 阴影参数" 卷展栏

灯光的阴影类型被指定为 "VRay 阴影" 时，相应的 "VRay 阴影参数" 卷展栏才会显示，如图 9-46 所示。

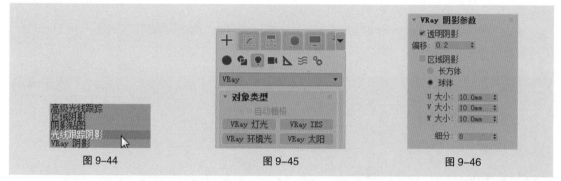

图 9-44   图 9-45   图 9-46

2. VRay 灯光

VRay 灯光主要用于模拟室内灯光或产品展示，是室内渲染中使用频率最高的一种灯光。

"常规" 卷展栏（见图 9-47）中参数的介绍如下。

● 开：控制灯光的开关。

● 类型：提供了 "平面" "穹顶" "球体" "网格" "圆形" 5 种类型，如图 9-48 所示。由于这 5 种类型的形状各不相同，因此可以应用于各种场景。"平面" 一般用于做片灯、窗口自然光、补光；"穹顶" 的作用类似于 3ds Max 的天光，光线来自位于灯光 z 轴的半球状圆顶；"球体" 是以球形的光来照亮场景，多用于制作各种灯的灯泡；网格用于制作特殊形状灯带、灯池，必须有一个可编辑网格模型为基础；圆形用于制作圆形的灯光。

图 9-47

● 目标：勾选该复选框后，显示灯光的目标点。

● 长度：设置平面灯光的长度。

● 宽度：设置平面灯光的宽度。

● 单位：设置灯光的强度单位，提供了 5 种类型——"默认（图像）" "发光率（Im）" "亮度（Im/m²/sr）" "辐射率（W）" "辐射（W/m²sr）"。"默认（图像）" 为默认单位，依靠灯光的颜色、亮度、大小控制灯光的最后强弱。

图 9-48

● 倍增：设置灯光的强度。

● 纹理：勾选该复选框后可以使用贴图作为半球光的光照。

● 无贴图：用于选择纹理贴图。

● 分辨率：贴图光照的计算精度，最大为 2048。

"矩形 / 圆形灯光" 卷展栏（见图 9-49）中参数的介绍如下。

图 9-49

● 定向：在默认情况下，来自平面或光盘的光线在光点所在的侧面的各个方向上均匀地分布。当这个参数增加到 1.0 时，扩散范围变窄，光线更具有方向性。光线在光源周围各个方向照射的值为 0（默认值）。值为 0.5 时将光锥推成 45°，值为 1.0 时（最大值）则形成 90° 的光锥。

● 预览：允许光的传播角度被视为一个线框在视口中，因为它是由光的方向参数设置的。

● 预览纹理贴图：如果使用纹理驱动光线，则使其能够在视口中显示纹理。

"选项"卷展栏（见图9-50）中参数的介绍如下。

● 排除：单击该按钮将弹出"包含/排除"对话框，从中可选择灯光排除或包含的对象模型并进行排除或包含操作。

● 投射阴影：用来控制是否对物体产生照明阴影。

● 双面：用来控制是否让灯光的双面都产生照明效果，当灯光类型为"平面"时才有效，其他灯光类型无效。

● 不可见：用来控制渲染后是否显示灯光的形状。

● 不衰减：在真实世界中，所有的光线都是有衰减的，如果取消勾选该复选框，将不计算灯光的衰减效果。

● 天光入口：如果勾选该复选框，会把 VRay 灯光转换为天光，此时的 VRay 灯光变成"间接照明（GI）"，失去了直接照明。"投射阴影""双面""不可见"等参数将不可用，这些参数将被 VRay 等天光参数所取代。

● 存储发光贴图：如果使用发光贴图来计算间接照明，则勾选该复选框后，发光贴图会存储灯光的照明效果。它有利于快速渲染场景，当渲染完光子的时候，可以把 VRay 灯光关闭或者删除，它对最后的渲染效果没有影响，因为它的光照信息已经保存在了发光贴图里。

● 影响漫反射：决定灯光是否影响物体材质属性的漫反射。

● 影响高光：决定灯光是否影响物体材质属性的高光。

● 影响反射：决定灯光是否影响物体材质属性的反射。

"采样"卷展栏（见图9-51）中参数的介绍如下。

● 细分：用来控制渲染后的品质。比较小的值，杂点多，渲染速度快；比较大的值，杂点少，渲染速度慢。

● 阴影偏移：用来控制物体与阴影偏移距离，一般保持默认设置即可。

"视口"卷展栏（见图9-52）中参数的介绍如下。

● 启用视口着色：视口为"真实"状态时，会对视口照明产生影响。

● 视口线框颜色：当勾选时，光的线框在视口中以指定的颜色显示。

● 图标文本：可以启用或禁用视口中的光名预览。

"高级选项"卷展栏（见图9-53）中参数的介绍如下。

● 使用 MIS：当 MIS 启用（默认设置）时，光的贡献分为两部分，一部分是直接照明，另一部分是 GI（对于漫反射材料）或者反射（对于光滑表面），提供直接照明和 GI 以使光线可用。

3．VRay 太阳

VRay 太阳主要用于模拟真实的室外太阳照射效果，它的效果会随着 VRay 太阳的位置变化而变化的。"VRay 太阳参数"卷展栏如图9-54所示。

图 9-50

图 9-51

图 9-52

图 9-53

图 9-54

9.2 摄影机的使用

摄影机是制作三维场景不可缺少的重要工具，就像场景中不能没有灯光一样。3ds Max 中的摄影机与现实生活中使用的摄影机十分相似。用户可以自由调整摄影机的视角和位置，也可以利用摄影机的移动制作浏览动画，还可以制作景深和运动模糊等特殊效果。

9.2.1 摄影机的创建

3ds Max 中提供了 3 种摄影机，即物理摄影机、目标摄影机和自由摄影机。下面对这 3 种摄影机进行介绍。

1. 物理摄影机

物理摄影机将场景的帧设置与曝光控制和其他效果集成在一起。物理摄影机是用于基于物理的真实照片级渲染的最佳摄影机类型。物理摄影机的支持级别取决于所使用的渲染器。

单击"＋（创建）> ◼️（摄影机）> 标准 > 物理"按钮，在视图中按住鼠标左键不放并进行拖曳，在合适的位置松开鼠标即可完成物理摄影机的创建，如图 9-55 所示。

2. 目标摄影机

目标摄影机会查看在创建该摄影机时所放置的目标图标周围的区域。目标摄影机比自由摄影机更容易定向，因为只需将目标点定位在所需位置的中心。

单击"＋（创建）> ◼️（摄影机）> 标准 > 目标"按钮，在视图中按住鼠标左键不放并进行拖曳，在合适的位置松开鼠标即可完成目标摄影机的创建，如图 9-56 所示。

3. 自由摄影机

自由摄影机会沿摄影机指向的方向查看区域。与目标摄影机不同，自由摄影机由单个图标表示，为的是更轻松地设置动画。自由摄影机可以绑定在运动目标上，随目标在运动轨迹上一起运动，还可以进行跟随和倾斜。自由摄影机适合处理游走拍摄、基于路径的动画。

单击"＋（创建）> ◼️（摄影机）> 标准 > 自由"按钮，直接在视图中单击即可完成自由摄影机的创建，如图 9-57 所示，在创建时应该选择合适的视图。

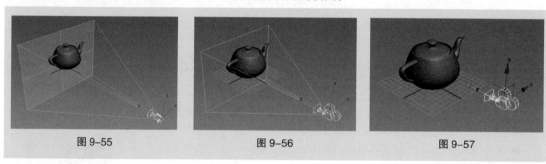

图 9-55　　　　　　　　图 9-56　　　　　　　　图 9-57

4. 视图控制工具

创建摄影机后，在任意一个视图中按 C 键，即可将该视图转换为当前摄影机视图，此时视图控制区的视图控制工具也会转换为摄影机视图控制工具，如图 9-58 所示。这些视图控制工具是专用于摄影机视图的，如果激活其他视图，控制工具就会转换为标准工具。

图 9-58

📷Ⅰ（推拉摄影机）：只将摄影机移向或移离其目标。如果移过目标，摄影机将翻转 180° 并且移离其目标。

🔍（透视）：移动摄影机使其靠近目标点，同时改变摄影机的透视效果，从而使镜头长度变化。

🔄（侧滚摄影机）：激活该按钮可以使目标摄影机围绕其视线旋转，可以使自由摄影机围绕其局部 z 轴旋转。

▷（视野）：调整视口中可见的场景数量和透视张角量。更改视野与更改摄影机上的镜头的效果相似。视野越大，可以看到越多的场景，而透视会扭曲，这与使用广角镜头相似；视野越小，看到的场景就越少，而透视会展平，这与使用长焦镜头类似。摄影机的位置不发生改变。

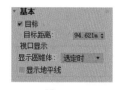（平移摄影机）：使用平移摄影机可以沿着平行于视图平面的方向移动摄影机。

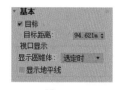（2D 平移缩放模式）：在 2D 平移缩放模式下，用户可以平移或缩放视口，而无须更改渲染帧。

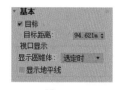（穿行）：使用该按钮可通过按下箭头方向键在视口中移动。在进入穿行导航模式之后，鼠标指针将变为中空圆环形状，并在按下某个方向键（前、后、左或右）时显示方向箭头。这一特性可用于"透视"和"摄影机"视图。

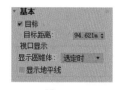（环游摄影机）：使目标摄影机围绕其目标旋转。自由摄影机使用不可见的目标，其设置为在摄影机"参数"卷展栏中指定的目标距离。

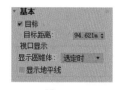（摇移摄影机）：使目标围绕其目标摄影机旋转。对于自由摄影机，将围绕局部轴旋转摄影机。

9.2.2 摄影机的参数

物理摄影机的参数涵盖了目标摄影机和自由摄影机的参数，所以下面以物理摄影机的参数为例来介绍常用的摄影机参数。

1. "基本"卷展栏

物理摄影机的"基本"参数卷展栏（见图 9-59）介绍如下。

目标：勾选该复选框后，摄影机包括目标对象，并与目标摄影机的行为相似——可以通过移动目标设置摄影机的目标。取消勾选该复选框后，摄影机的行为与自由摄影机相似——可以通过变换摄影机对象本身设置摄影机的目标。该复选框默认勾选。

目标距离：设置目标与焦平面之间的距离。目标距离会影响聚焦、景深等。

显示圆锥体：在显示摄影机圆锥体时可选择"选定时"（默认设置）、"始终"或"从不"。

显示地平线：勾选该复选框后，地平线在摄影机视口中显示为水平线（假设摄影机帧包括地平线）。该复选框默认不勾选。

2. "物理摄影机"卷展栏

"物理摄影机"卷展栏（见图 9-60）用于设置摄影机的主要物理属性。

预设：选择胶片模型或电荷耦合传感器。选项包括 35mm（全画幅）胶片（默认设置），以及多种行业标准传感器设置。每个设置都有其默认宽度值。"自定义"选项用于任意设置宽度。

宽度：可以手动调整帧的宽度。

焦距：设置镜头的焦距。默认值为 40 毫米。

指定视野：勾选该复选框时，可以设置新的视野值（以度为单位）。默认的视野值取决于所选的胶片 / 传感器预设值。该复选框默认不勾选。

缩放：在不更改摄影机位置的情况下缩放镜头。

光圈：将光圈设置为光圈数，或"F 制光圈"。此值将影响曝光和景深。光圈数越小，光圈越大并且景深越窄。

聚焦：焦平面在视口中显示为透明矩形，以摄影机视图的尺寸为边界。

使用目标距离：使用目标距离（默认设置）作为焦距。

自定义：使用不同于目标距离的焦距。

聚焦距离：选择"自定义"单选项后，允许设置焦距。

图 9-59

图 9-60

镜头呼吸：通过将镜头向焦距方向移动或远离焦距方向来调整视野。为 0.0 时表示禁用此效果。默认值为 1.0。

启用景深：勾选该复选框时，摄影机在不等于焦距的距离上生成模糊效果。景深效果的强度基于光圈设置。该复选框默认不勾选。

类型：选择测量快门速度使用的单位。帧（默认设置），通常用于计算机图形；秒或分秒，通常用于静态摄影；度，通常用于电影摄影。

持续时间：根据所选的单位类型设置快门速度。该值可能影响曝光、景深和运动模糊。

偏移：勾选该复选框时，指定相对于每帧的开始时间的快门打开时间。更改此值会影响运动模糊。默认值为 0.0，该复选框默认不勾选。

启用运动模糊：勾选该复选框后，摄影机可以生成运动模糊效果。该复选框默认不勾选。

3. "曝光"卷展栏

"曝光"卷展栏（见图 9-61）用于设置摄影机曝光。

安装曝光控制：单击以使物理摄影机曝光控制处于活动状态。如果物理摄影机曝光控制已处于活动状态，则会禁用此按钮，其标签将显示"曝光控制已安装"。

手动：通过调整 ISO 值设置曝光增益。当此单选项处于活动状态时，通过此值、快门速度和光圈设置计算曝光。该值越大，曝光时间越长。

目标（默认设置）：设置与 3 个摄影曝光值的组合相对应的单个曝光值。每次增大或减小 EV 值，也会分别降低或增高有效的曝光，如快门速度值中所做的更改表示的一样。因此，值越大，生成的图像越暗，值越低，生成的图像越亮。默认设置为 6.0。

光源（默认设置）：按照标准光源设置色彩平衡。默认设置为"日光（6500K）"。

温度：温度以色温的形式设置色彩平衡，以开尔文度表示。

自定义：用于设置任意色彩平衡。单击颜色框以打开"颜色选择器"对话框，可以从中设置希望使用的颜色。

启用渐晕：勾选该复选框时，渲染模拟出现在胶片平面边缘的变暗效果。要在物理上更加精确地模拟渐晕，请使用"散景（景深）"卷展栏中的光学渐晕（猫眼）控制。

数量：增大这里的值可以增加渐晕效果。默认值为 1.0。

4. "散景（景深）"卷展栏

"散景（景深）"卷展栏（见图 9-62）用于设置景深的散景效果。

"光圈形状"选项组的介绍如下。

圆形（默认设置）：散景效果基于圆形光圈。

叶片式：散景效果使用带有边的光圈。使用"叶片数"值设置每个模糊圈的边数。使用"旋转"数值设置每个模糊圈旋转的角度。

自定义纹理：用图案替换每种模糊圈。（如果贴图为填充黑色背景的白色圈，则等效于标准模糊圈。）

影响曝光：勾选该复选框时，自定义纹理将影响场景的曝光。根据纹理的透明度进行调整，可以允许相比标准的圆形光圈通过更多或更少的灯光（如果贴图为填充黑色背景的白色圈，则允许进

图 9-61

图 9-62

入的灯光量与圆形光圈相同）。取消勾选该复选框后，纹理允许的通光量始终与通过圆形光圈的灯光量相同。该复选框默认勾选。

"中心偏移（光环效果）"组使光圈透明度向中心（负值）或边（正值）偏移。正值会增加焦外区域的模糊量，而负值会减少模糊量。中心偏移设置的场景中尤其明显显示散景效果。

"光学渐晕（CAT眼睛）"组通过模拟"猫眼"效果使帧呈现渐晕效果（部分广角镜头可以形成这种效果）。

"各向异性（失真镜头）"组通过垂直（负值）或水平（正值）拉伸光圈模拟失真镜头。与"中心偏移"一起调整时，"各向异性"设置在显示散景效果的场景中是最明显的。

5. "透视控制"卷展栏

"透视控制"卷展栏（见图9-63）用于调整摄影机视图的透视。

"镜头移动"选项组中的选项用于沿水平或垂直方向移动摄影机视图，而不旋转或倾斜摄影机。在x轴和y轴，它们将以百分比形式表示膜/帧宽度（不考虑图像纵横比）。

"倾斜校正"选项组中的选项用于沿水平或垂直方向倾斜摄影机。可以使用它们来更正透视，特别是在摄影机已向上或向下倾斜的场景中。

6. "镜头扭曲"卷展栏

"镜头扭曲"卷展栏（见图9-64）可以向渲染添加扭曲效果。

"扭曲类型"选项组的介绍如下。

无（默认设置）：不应用扭曲。

立方：不为0时，将扭曲图像。正值会产生枕形扭曲，负值会产生筒体扭曲。

纹理：基于纹理贴图扭曲图像。单击该按钮可打开"材质/贴图浏览器"对话框，然后指定贴图。

7. "其他"卷展栏

"其他"卷展栏（见图9-65）用于设置剪切平面和环境范围。

图9-63　　　　　　图9-64　　　　　　图9-65

"剪切平面"选项组的介绍如下。

启用：勾选该复选框可启用剪切平面，在视口中，剪切平面在摄影机锥形光线内显示为红色的栅格。

近、远：设置近距和远距平面，采用场景单位。对于摄影机，比近距剪切平面近或比远距剪切平面远的对象是不可视的。

"环境范围"选项组的介绍如下。

近距范围和远距范围：确定在"环境"面板上设置大气效果的近距范围和远距范围限制。两个限制之间的对象将在远距值和近距值之间消失。这些值采用场景单位。默认情况下，它们将覆盖场景的范围。

9.3 课堂练习——创建影音室灯光

【练习知识要点】使用"亮度 / 对比度"命令创建影音室灯光，效果如图 9-66 所示。

【素材文件位置】云盘 / 贴图。

【效果文件所在位置】云盘 / 场景 /Ch09/ 影音室灯光 .max。

图 9-66

9.4 课后习题——创建户外灯光

【习题知识要点】创建一盏主光源作为整体的阴影照明，这里的主光源可以使用目标聚光灯、目标平行光或 VRay 太阳，然后创建辅助光源或使用"渲染设置"面板中的环境光，制作户外灯光的效果，效果如图 9-67 所示。

【素材文件位置】云盘 / 贴图。

【效果文件所在位置】云盘 / 场景 /Ch09/ 户外灯光 .max。

图 9-67

第 10 章

渲染

▶ ## 本章介绍

　　渲染就是依据所指定的材质、所使用的灯光，以及诸如背景与大气等环境的设置，将在场景中创建的几何体实体化显示出来。通过本章的学习，读者可以掌握对场景及模型进行渲染的方法和技巧。

知识目标

● 熟悉渲染输出的方法
● 了解渲染的相关知识

第 10 章简介

能力目标

● 熟练掌握渲染输出的设置
● 熟练掌握渲染参数的设定
● 熟练掌握渲染特效和环境特效的设置

素养目标

● 培养学生丰富的想象力
● 提高学生的艺术审美水平

10.1 渲染输出

渲染场景可以将场景中物体的形态、受光照效果、材质的质感以及环境特效完美地表现出来。所以，在渲染前进行渲染的参数设置是必要的。

渲染的主命令位于工具栏右侧和渲染帧窗口上。通过单击相应的工具图标可以快速执行这些命令，调用这些命令的另一种方法是使用"渲染"菜单，该菜单包含与渲染相关的命令。

在工具栏中单击 （渲染产品）按钮，即可对当前的场景进行渲染，这是 3ds Max 提供的一种产品快速渲染工具，按住该按钮不放，在弹出的下拉菜单中可以选择 （渲染迭代）和 （ActiveShade）工具。3ds Max 还提供了 （渲染帧窗口）工具。下面分别对这几种渲染工具进行介绍。

 （渲染设置）：使用"渲染"可以基于 3D 场景创建 2D 图像或动画，从而可以使用所设置的灯光、所应用的材质及环境设置（如背景和大气）为场景的几何体着色。

 （渲染帧窗口）：会显示渲染输出。

 （渲染产品）：可使用当前产品级渲染设置渲染场景，而无须打开"渲染设置"对话框。

 （渲染迭代）：可在迭代模式下渲染场景，而无须打开"渲染设置"对话框。

 （ActiveShade）：单击该按钮可在浮动窗口中创建 ActiveShade 渲染。

10.2 渲染参数设置

在工具栏中单击 （渲染设置）按钮，会弹出"渲染设置"面板，如图 10-1 所示。

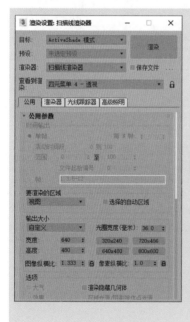
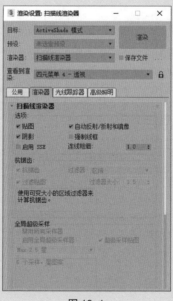
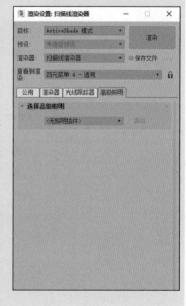

图 10-1

1. "公用参数"卷展栏

该卷展栏中的参数是所有渲染器共有的参数，如图 10-2 所示。

"时间输出"选项组用于设置渲染的时间。

单帧：仅渲染当前帧。

每 N 帧：使渲染器按设定的间隔渲染帧。

活动时间段：渲染轨迹栏中指定的帧的当前范围。

范围：指定两个数字（包括这两个数）之间的所有帧。

帧：指定渲染一些不连续的帧，帧与帧之间用逗号隔开。

"输出大小"选项组用于控制最后渲染图像的大小和比例，该选项组中的参数是渲染输出时比较常用的参数。

自定义：可以在下拉列表中直接选取预先设置的工业标准，也可以直接指定图像的宽度和高度，这些设置将影响渲染图像的纵横比。

宽度和高度：以像素为单位指定图像的宽度和高度，从而设置输出图像的分辨率。如果锁定了"图像纵横比"选项，那么其中一个数值改变将影响另外一个数值。最大宽度和最大高度分别为 32768 像素和 32768 像素。

预设的分辨率按钮：单击其中任何一个按钮，将把渲染图像的尺寸改变成相应的大小。

图像纵横比：这个设置决定渲染图像的长宽比。可以通过设置图像的高度和宽度自动决定长宽比，也可以通过设置图像的长宽比和高度或宽度中的一个数值自动决定另外一个数值，还可以锁定图像的长宽比。长宽比不同，得到的图像也不同。

像素纵横比：该项设置决定图像像素本身的长宽比。如果锁定了"像素纵横比"选项，那么将不能够改变该数值。

"选项"选项组包含 9 个复选框，用来激活或者不激活不同的渲染选项。

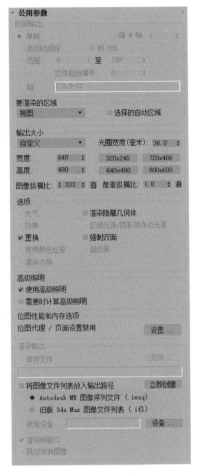

图 10-2

大气：勾选该复选框后，可以渲染任何应用的大气效果，如体积光、雾等。

渲染隐藏几何体：勾选该复选框后，可以渲染场景中所有的几何体对象，包括隐藏的对象。

效果：勾选该复选框后，可以渲染所有应用的渲染效果，如模糊。

区域光源 / 阴影视作点光源：勾选该复选框，可将所有的区域光源或阴影当作从点对象发出的进行渲染，这样可以加速渲染过程。设置了光能传递的场景不会被这一参数影响。

置换：该复选框用于控制是否渲染置换贴图。

强制双面：勾选该复选框，将强制渲染场景中所有面的背面。这对法线有问题的模型非常有用。

视频颜色检查：将扫描渲染图像，寻找视频颜色之外的颜色。

超级黑：如果要合成渲染的图像，该复选框非常有用。勾选该复选框，将使背景图像变成纯黑色。

渲染为场：勾选该复选框，将使 3ds Max 渲染到视频场，而不是视频帧。在为视频渲染图像时，经常需要使用这个复选框。

"高级照明"选项组用于设置渲染时使用的高级光照属性。

使用高级照明：勾选该复选框，渲染时将使用光追踪器或光能传递。

需要时计算高级照明：勾选该复选框，3ds Max 将根据需要计算光能传递。

"渲染输出"选项组用于设置渲染输出文件的位置。

保存文件：勾选该复选框，渲染的图像就会被保存在硬盘上。

文件：该按钮用来指定保存文件的位置。

使用设备：只有当选择了支持的视频设备时，该复选框才可用。使用该复选框可以直接渲染到视频设备上，而不生成静态图像。

渲染帧窗口：用于在渲染帧窗口中显示渲染的图像。

跳过现有图像：这将使 3ds Max 不渲染保存文件中已经存在的帧。

2. "指定渲染器"卷展栏

该卷展栏中显示了"产品级""材质编辑器""ActiveShade"及当前使用的渲染器，如图 10-3 所示。单击 ■■（选择渲染器）按钮，在弹出的"选择渲染器"对话框中可以改变当前的渲染器设置。有 Arnold、ART 渲染器、Quicksilver 硬件渲染器、V-Ray（该插件是下载安装的插件）和 VUE 文件渲染器这 5 种渲染器可以使用，如图 10-4 所示。一般情况下都采用默认的"扫描线渲染器"。

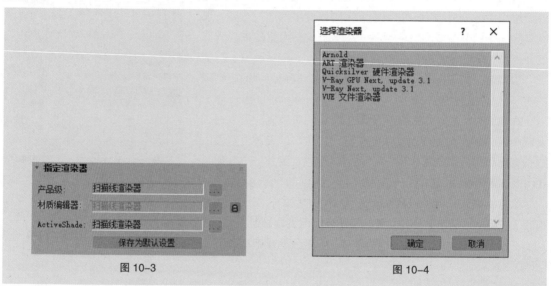

图 10-3   图 10-4

10.3 渲染特效和环境特效

3ds Max 提供的渲染特效是在渲染中为场景添加的最终产品级的特殊效果，第 9 章中介绍的景深特效就属于渲染特效。此外，还有模糊、运动模糊和镜头等特效。

环境特效与渲染特效相似，第 9 章中介绍的体积光效果就属于环境特效，如设置背景图、大气效果、雾效、烟雾和火焰等都属于环境特效。

10.3.1 课堂案例——制作火堆效果

【案例学习目标】掌握环境特效的制作方法。

【案例知识要点】通过大气效果中的"火效果"和泛光灯的配合完成火堆效果的制作，效果如图 10-5 所示。

【素材文件位置】云盘 / 贴图。

【模型文件所在位置】云盘 / 场景 /Ch10/ 火堆 .max。

【原始模型文件所在位置】云盘 / 场景 /Ch10/ 火堆 ok.max。

图 10-5

（1）选择"文件 > 打开"命令，打开云盘中的"场景 > Ch10 > 火堆 ok.max"文件，如图 10-6 所示。

（2）渲染当前场景，得到图 10-7 所示的效果，在此场景的基础上为火堆创建火的效果。

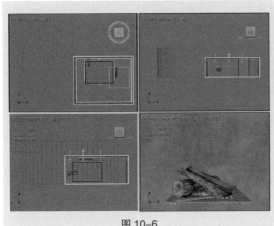

图 10-6

图 10-7

（3）单击"＋（创建）> ▲（辅助对象）> 大气装置 > 球体 Gizmo"按钮，在场景中创建球体 Gizmo，如图 10-8 所示。

（4）切换到 ✐（修改）命令面板，在"大气和效果"卷展栏中单击"添加"按钮，在弹出的对话框中选择"火效果"，单击"确定"按钮，如图 10-9 所示。

（5）渲染当前场景，得到图 10-10 所示的效果，在渲染场景效果之前需确定火堆的位置。

（6）在场景中选择球体 Gizmo，在"球体 Gizmo 参数"卷展栏中勾选"半球"复选框，在场景中缩放模型，如图 10-11 所示。

（7）在"大气和效果"卷展栏中选择"火效果"，单击"设置"按钮，弹出"环境和效果"对话框，在其中设置火效果的参数，如图 10-12 所示。渲染场景，得到图 10-13 所示的效果。

图 10-8

图 10-9

图 10-10

图 10-11

图 10-12

图 10-13

（8）在图 10-14 所示的位置创建泛光灯，在"常规参数"卷展栏中勾选"阴影"组中的"启用"复选框，选择阴影类型为"阴影贴图"，设置合适的参数。

（9）渲染场景，得到图 10-15 所示的效果，这样火堆效果就制作完成了。该案例的效果我们在 Photoshop 中调整了亮度和对比度，所以会跟读者实际制作的效果稍稍有些差距。

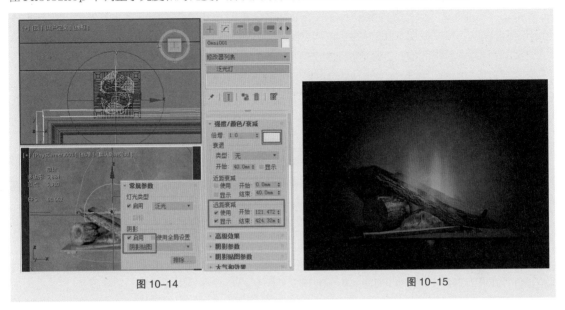

图 10-14　　　　　　　　　　　　　　　　　图 10-15

10.3.2　渲染特效

3ds Max 的渲染特效功能允许用户快速地以交互形式添加最终产品级的特殊效果，这样不必通过渲染也能看到最终效果。

在菜单栏中选择"渲染 > 效果"命令，弹出"环境和效果"对话框，切换到"效果"选项卡，可以为场景添加或删除特效，如图 10-16 所示。

1.　"效果"选项卡

"效果"列表框：显示场景中所使用的渲染特效。渲染特效的使用顺序很重要，渲染特效将按照它们在列表框中的先后顺序来被系统计算使用，列表框下部的效果将叠加在上部的效果之上。

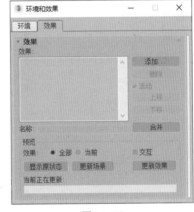

图 10-16

名称：显示选中效果的名称，可用于对默认的渲染效果重新命名。

添加：单击该按钮，将显示一个列出所有可用渲染效果的对话框。选择要添加到列表框中的效果，然后单击"确定"按钮。

删除：将选中的效果从"效果"列表框和场景中移除。

活动：指定在场景中是否激活所选效果。该复选框默认勾选，可以通过在"效果"列表框中选择某个效果，取消勾选"活动"复选框，从而取消激活该效果，而不必真正移除。

上移：将选中的效果在"效果"列表框中上移。

下移：将选中的效果在"效果"列表框中下移。

合并：用来把其他 3ds Max 文件中的渲染特效合并到当前场景中，限制效果的灯光或线框也会合并到当前场景中来。

效果：当选择"全部"单选项时，所有处于活动状态的渲染效果都在预览的虚拟帧缓冲器中显示；当选择"当前"单选项时，只有"效果"列表框中高亮显示的渲染效果在预览的虚拟帧缓冲器中显示。

交互：勾选该复选框，当调整渲染特效的参数时，虚拟缓冲器中的预览将交互地得到更新；未勾选该复选框时，可以使用下面的"更新效果"按钮来更新虚拟缓冲器中的预览。

显示原状态：单击此按钮，在虚拟缓冲器中显示没有添加效果的场景。

更新场景：单击此按钮，在虚拟帧缓冲器中的场景和特效都将得到更新。

更新效果：当"交互"复选框没有勾选时，单击此按钮，将更新虚拟缓冲器中修改后的渲染特效，而场景本身的修改不会更新。

2. 渲染特效

在"环境和效果"对话框中单击"添加"按钮，弹出"添加效果"对话框，从中可以选择渲染特效的类型，如图 10-17 所示。渲染特效的类型包括 Hair 和 Fur（毛发）、镜头效果、模糊、亮度和对比度、色彩平衡、景深、文件输出、胶片颗粒和运动模糊。

"镜头效果"可以模拟那些通过使用真实的摄影机镜头或滤镜而得到的灯光效果，包括光晕、光环、射线、自动二级光斑、手动二级光斑、星形和条纹等，如图 10-18 所示。

"模糊"特效通过渲染对象的倒影或摄影机运动，可以使动画看起来更加真实。模糊方法包括均匀型、方向型和径向型 3 种，如图 10-19 所示。

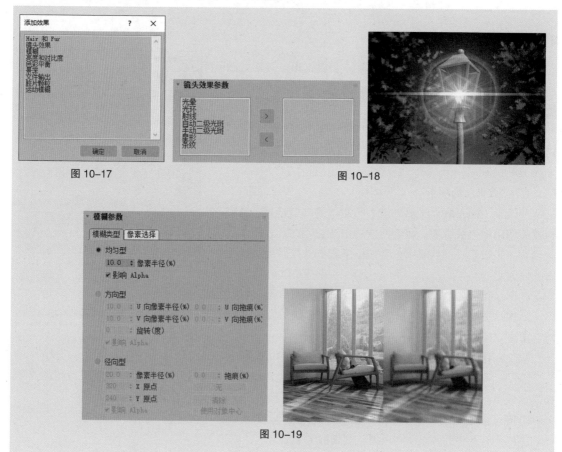

图 10-17　　　　　　　　　　　　　　　图 10-18

图 10-19

"亮度和对比度"特效用于调节渲染图像的亮度和对比度，如图 10-20 所示。

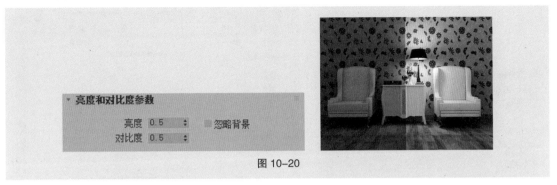

图 10-20

"色彩平衡"特效通过单独控制 RGB（红绿蓝）颜色通道来设置图像颜色，如图 10-21 所示。

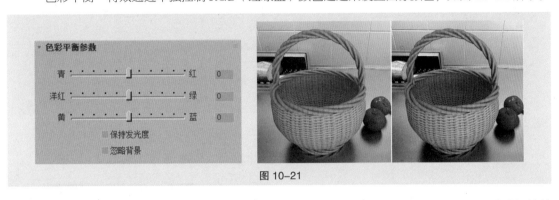

图 10-21

"景深"特效用来模拟当通过镜头观看远景时的模糊效果。它通过模糊化摄影机近处或远处的对象来加强场景的深度感，如图 10-22 所示。

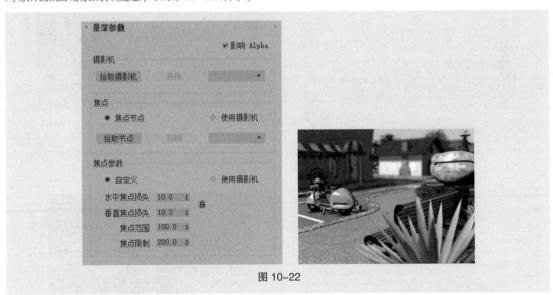

图 10-22

"文件输出"特效可以在渲染效果后期处理中的任意时刻，将渲染后的图像保存到一个文件中或输出到一个设备中。在渲染动画时，还可以把不同的图像通道保存到不同的文件中，如图 10-23 所示。

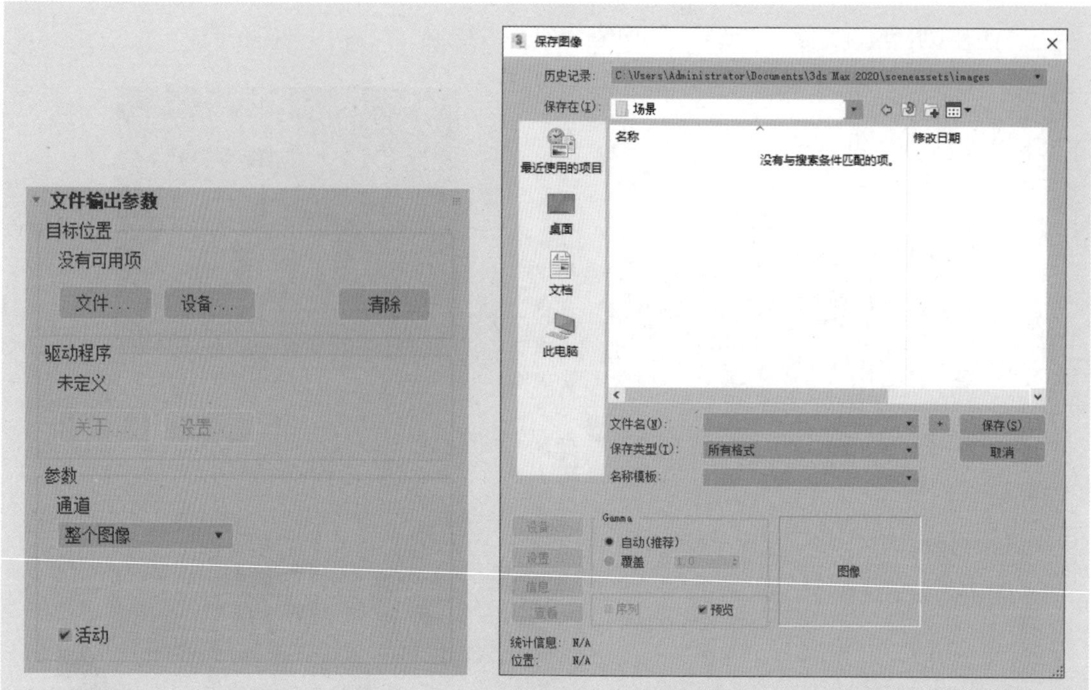

图 10-23

"胶片颗粒"特效可使渲染的图像具有胶片颗粒状的外观，如图 10-24 所示。

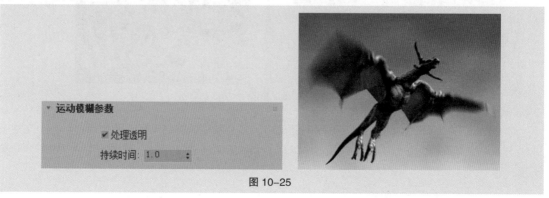

图 10-24

"运动模糊"特效会对渲染图像应用图像模糊运动，能够更加真实地模拟摄影机工作，如图 10-25 所示。

图 10-25

10.3.3　环境特效

由于真实性和一些特殊效果的制作要求，有些三维作品通常需要添加环境设置。在菜单栏中选择"渲染 > 环境"命令（或按 8 键），弹出"环境和效果"对话框，如图 10-26 所示。"环境和效果"对话框的功能十分强大，能够创建各种增强场景真实感的效果，如在场景中增加雾、体积雾和体积光等效果，如图 10-27 所示。

图 10-26　　　　　　　　　　　　　图 10-27

1. 设置背景颜色

"背景"选项组可以为场景设置背景颜色，还可以将图像文件作为背景设置在场景中。"背景"选项组中的参数很简单，如图 10-28 所示。

颜色：用于设置场景的背景颜色，可以对背景颜色设置动画。3ds Max 默认的背景颜色为黑色，单击"颜色"下的颜色框，弹出"颜色选择器：背景色"对话框，如图 10-29 所示。

图 10-28

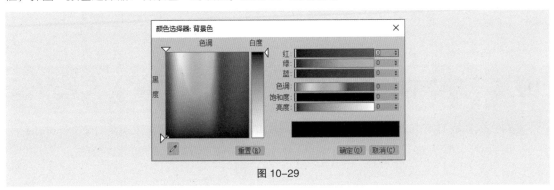

图 10-29

环境贴图：用于设置环境贴图。

无：单击此按钮可打开"材质/贴图浏览器"对话框，从中可选择一种贴图作为场景环境的背景。

2．设置环境特效

"大气"卷展栏用于选择和设置环境特效的种类和参数，如图10-30所示。

效果：显示添加的大气效果的名称。当添加一个大气效果后，卷展栏中会出现相应的参数卷展栏。

名称：用于对选中的大气效果重新命名，可以为场景增加多个同类型的效果。

添加：用于为场景增加一个大气效果。

删除：用于删除"效果"列表框中选中的大气效果。

活动：当未勾选该复选框时，"效果"列表框中选中的大气效果将暂时失效。

上移、下移：用于改变"效果"列表框中大气效果的顺序。当渲染时，系统按照列表框中大气效果的排列顺序进行计算，大气效果将按照它们在列表框中的先后顺序被使用，下面的效果将叠加在上面的效果上。

合并：用于把其他3ds Max文件场景中的效果合并到当前场景中。

单击"添加"按钮，弹出"添加大气效果"对话框，如图10-31所示，可以从中选择环境特效类型。3ds Max中提供了4种环境特效类型，分别是火效果、雾、体积雾和体积光，选择效果后单击"确定"按钮即可。

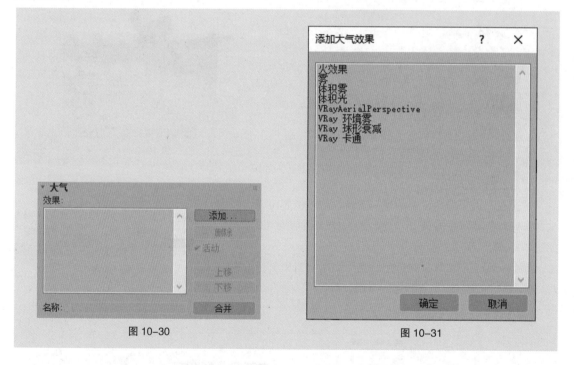

图10-30 图10-31

10.4 渲染的相关知识

渲染是制作效果图和动画的最后一道工序。创建的模型场景最终都会体现在图像文件或动画文件上。可以说，渲染是对前期建模的一个总结。因此掌握渲染的相关知识是非常必要的。

10.4.1　提高渲染速度的方法

在建模过程中要经常用到渲染功能，如果渲染时间很长，则会严重影响工作效率。如何提高渲染速度呢？下面介绍几种比较实用的方法。

1．外部提速的方法

因为渲染是非常占用计算机物理内存的，所以给计算机配置足够的内存是必要的。配置大容量的内存能加快渲染速度，内存越大，渲染速度越快。

如果物理内存暂时不能满足渲染的需要，则可以对操作系统进行优化。优化操作系统主要是增大计算机的虚拟内存，扩大虚拟内存可以暂时解决在渲染大的场景时计算机物理内存不足产生的影响。但虚拟内存并不是越大越好，因为它是占用硬盘空间的，长期使用还会影响硬盘的使用寿命。

显卡的好坏也会影响渲染速度和质量。所以，经常需要制作较大场景的用户应该准备较为专业的显卡，硬件应该支持 Direct3D 9.1 标准和 OpenGL 1.3 标准。

2．内部提速的方法

内部提速主要通过在建模过程中使用一些技巧来使渲染速度加快。

控制模型的复杂度。如果场景中的模型过多或模型过于复杂，渲染速度就会很慢，这是模型的面数过多造成的。在创建模型时应该控制几何体的段数，在不影响外形的前提下尽量将其减少，在进行大场景创建时这一点尤为适用。

使用合适的材质。材质对表现效果很重要，有时为了追求效果，会使用比较复杂的材质，但这样会使渲染速度变慢。例如，使用"光线跟踪"材质的模型的渲染速度会比使用"光线追踪"贴图的模型的渲染速度慢。对于同类型的物体，可以赋予它们相同的材质，这样不会增加占用的内存空间。

使用合适的阴影。阴影的使用也会影响渲染速度。使用普通阴影的渲染速度明显快于使用"光线跟踪阴影"的渲染速度。在投射阴影时，如果使用"阴影贴图"，渲染速度会提高。

使用合适的分辨率。在渲染前通常要设定效果图的分辨率，分辨率越大，渲染时间就会越长。如果要进行打印或要对作品进行较大修改，可以设置高分辨率。

10.4.2　渲染文件的常用格式

3ds Max 2020 中渲染的结果可以保存为多种格式的文件，包括图像文件和动画文件。下面介绍几种比较常用的文件格式。

AVI 格式：该格式是 Windows 系统通用的动画格式。

BMP 格式：该格式是 Windows 系统标准位图格式，支持 8 位 256 色和 24 位真彩色两种模式，但不能保存 Alpha 通道信息。

PNG 格式：开发该格式的目的是替代 GIF 和 TIFF 文件格式，同时增加一些 GIF 文件格式所不具备的特性。

EPS 和 PS 格式：这些格式是一种矢量图形格式。

JPG 格式：该格式是一种高压缩比的真彩色图像文件格式，常用于网络传播。

TGA、VDA、ICB 和 VST 格式：这些格式是真彩色图像文件格式，有 16 位、24 位和 32 位等多种颜色级别，并带有 8 位的 Alpha 通道图像，可以进行无损质量的文件压缩处理。

MOV 格式：该格式是 macOS 平台的标准动画格式。

10.5 课堂练习——制作日景渲染

【练习知识要点】使用较小的参数渲染草图，设置发光贴图和灯光缓存的贴图，并设置最终渲染参数，效果如图 10-32 所示。

【素材文件位置】云盘 / 贴图。

【效果文件所在位置】云盘 / 场景 /Ch10/ 日景渲染 ok.max。

制作日景渲染

图 10-32

10.6 课后习题——制作水面体积雾效果

【习题知识要点】使用目标聚光灯，设置灯光的参数，通过大气效果中的"球体 Dizmo"和体积雾的配合完成水面体积雾的制作，效果如图 10-33 所示。

【素材文件位置】云盘 / 贴图。

【效果文件所在位置】云盘 / 场景 /Ch10/ 体积雾 ok.max。

制作水面体积雾效果

图 10-33

11

第11章
动画制作

▶ **本章介绍**

　　本章主要对 3ds Max 中常用的动画制作工具进行介绍，还会对各种类型的粒子系统及空间扭曲进行详细讲解。通过本章的学习，读者可以了解并掌握 3ds Max 基础的动画制作技巧。

知识目标

- 认识动画制作的常用工具
- 认识"运动"命令面板
- 了解粒子系统
- 了解空间扭曲

第 11 章简介

能力目标

- 掌握动画制作的常用工具的使用方法
- 掌握"运动"命令面板的设置方法
- 掌握粒子系统的使用方法
- 掌握空间扭曲的使用技巧

素养目标

- 培养学生细致的观察能力
- 培养学生严谨的工作作风

11.1 创建关键帧

组成动画的每一张图片称为一个"帧"，"帧"是 3ds Max 动画中最基本的概念。

设置动画最简单的方法就是设置关键帧，只需要单击"自动关键点"按钮后在某一帧的位置改变对象状态，如移动对象至某一位置、改变对象的某一参数，然后将时间滑块调整到另一位置，继续改变对象状态，这时就可以在动画控制区中的时间轴区域看到两个关键帧，这说明关键帧已经创建，关键帧之间会出现动画效果，如图 11-1 所示。

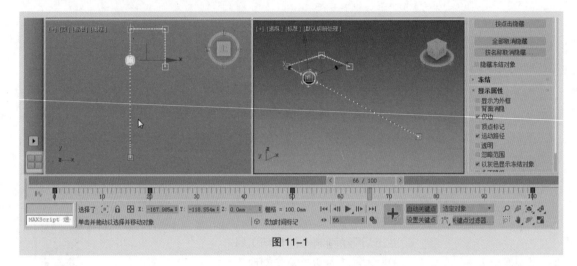

图 11-1

11.2 动画制作的常用工具

11.2.1 课堂案例——制作摇摆的木马动画

【案例学习目标】掌握使用关键帧制作动画的方法。

【案例知识要点】使用"自动关键点"命令，结合"选择并移动"和"旋转"工具完成动画的制作，效果如图 11-2 所示。

制作摇摆的
木马动画

图 11-2

【素材文件位置】云盘 / 贴图。

【模型文件所在位置】云盘 / 场景 /Ch11/ 摇摆的木马 .max。

【原始模型文件所在位置】云盘 / 场景 /Ch11/ 摇摆的木马 ok.max。

（1）选择"文件 > 打开"命令，打开云盘中的"场景 > Ch11 > 摇摆的木马 ok.max"文件，如图 11-3 所示。

（2）在场景中选择木马，切换到 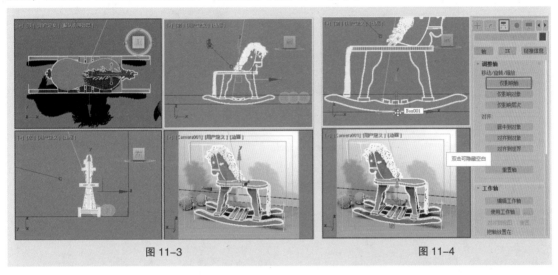（层次）命令面板，在"调整轴"卷展栏中单击"仅影响轴"按钮，在场景中将轴的位置调整到木马的底端，如图 11-4 所示。

图 11-3   图 11-4

（3）打开"自动关键点"，将时间滑块拖曳到第 10 帧，并在场景中旋转模型，旋转模型后沿 y 轴移动模型到地面，如图 11-5 所示。

（4）拖曳时间滑块到第 20 帧，在场景中向相反的方向旋转模型，如图 11-6 所示。

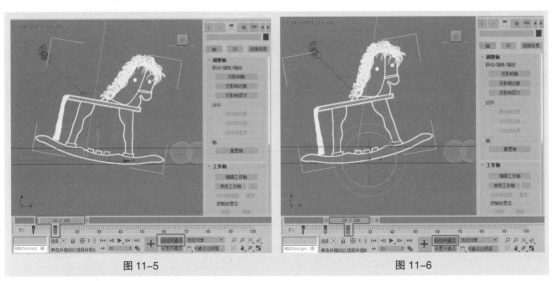

图 11-5   图 11-6

（5）拖曳时间滑块到第 15 帧，在场景中沿 y 轴移动模型到地面，如图 11-7 所示。

（6）拖曳时间滑块到第 20 帧，在场景中沿 y 轴移动模型到地面，如图 11-8 所示。

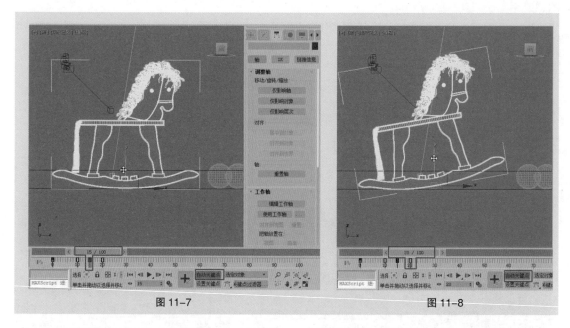

图 11-7   图 11-8

（7）选择第 10、15、20 帧的关键点，在按住 Shift 键的同时移动并复制关键点，如图 11-9 所示。

（8）在第 25 帧处调整模型的位置，使用同样的方法在第 45、65、85 帧处查看并调整模型，如图 11-10 所示。最后，对场景动画进行播放和渲染。摇摆的木马动画制作完成。

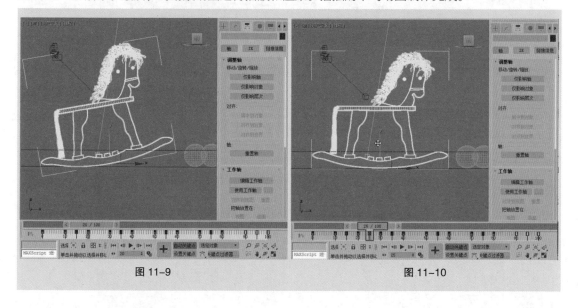

图 11-9   图 11-10

11.2.2　动画控制工具

动画控制工具的工具栏如图 11-11 所示，可以设置视图中的动画效果。其工具栏中包括时间滑块、播放按钮和动画关键点等。

图 11-11

动画控制工具的工具栏中各参数的介绍如下。

时间滑块：拖曳该滑块，可显示当前帧号和总帧号，还可显示视图中的动画效果。

设置关键点：在当前时间滑块所处的帧位置创建关键点。

自动关键点：单击后该按钮呈红色，将进入自动关键点模式，并且激活的视图边框也以红色显示。

设置关键点：单击后该按钮呈红色，将进入手动关键点模式，并且激活的视图边框也以红色显示。

（新建关键点的默认入\出切线）：为新的动画关键点提供快速设置默认切线类型的方法，这些新的关键点是用"设置关键点"或"自动关键点"创建的。

关键点过滤器：用于设置关键帧的项目。

（转至开头）：单击该按钮，可将时间滑块移到开始帧。

（上一帧）：单击该按钮，可将时间滑块向前移动一帧。

（播放动画）：单击该按钮，可在视图中播放动画。

（下一帧）：单击该按钮，可将时间滑块向后移动一帧。

（转至结尾）：单击该按钮，可将时间滑块移动到最后一帧。

（关键点模式切换）：单击该按钮，可以在前一帧和后一帧之间跳动。

55 （显示当前帧号）：当拖曳时间滑块时，可显示当前所在帧号，也可以直接输入数值以快速到达指定的帧号。

（时间配置）：用于设置帧频、播放和动画等参数。

11.2.3 动画时间的设置

3ds Max 默认的动画时间是 100 帧，但通常制作的动画比 100 帧要长很多，在 3ds Max 中可以使用大量的时间控制器来设置动画时间，这些时间控制器的操作可以在"时间配置"对话框中完成。单击状态栏上的 （时间配置）按钮，弹出"时间配置"对话框，如图 11-12 所示，可以在其中设置动画时间。

11.2.4 轨迹视图

轨迹视图对管理场景和动画制作的作用非常大。在工具栏中单击 （曲线编辑器）按钮，或者选择"图形编辑器 > 轨迹视图 – 曲线编辑器"命令，可打开"轨迹视图"窗口，如图 11-13 所示。

层级清单：位于窗口的左侧，它将场景中的所有项目显示在一个层级中，在层级中对物体名称进行选择即可选择场景中的对象。

编辑区域：位于窗口的右侧，显示轨迹和功能曲线，表示时间和参数值的变化。编辑区域使用浅灰色背景表示激活的时间段。

菜单栏：整合了轨迹视图的大部分功能。

工具栏：包括控制项目、轨迹和功能曲线的工具。

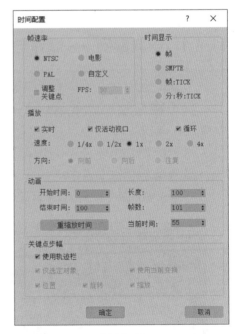

图 11-12

状态栏：包含指示、关键时间、数值栏和导航控制的区域。

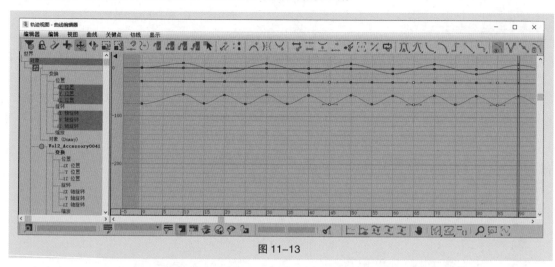

图 11-13

时间标尺：测量在编辑区域中的时间，时间标尺上的标志反映了"时间配置"对话框的设置。上下拖曳时间标尺，可以使它和任意轨迹对齐。

世界：将所有场景中的轨迹收为一个轨迹，以便更快速地进行全局操作。

11.3 "运动"命令面板

11.3.1 课堂案例——制作自由的鱼儿动画

【案例学习目标】掌握使用运动路径制作动画的方法。

【案例知识要点】为模型指定运动路径，并通过设置指定路径跟随参数制作动画，效果如图 11-14 所示。

【素材文件位置】云盘 / 贴图。

【模型文件所在位置】云盘 / 场景 /Ch11/ 自由的鱼儿 .max。

【原始模型文件所在位置】云盘 / 场景 /Ch11/ 自由的鱼儿 ok.max。

制作自由的
鱼儿动画

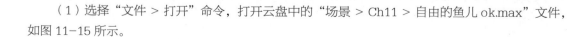

图 11-14

（1）选择"文件 > 打开"命令，打开云盘中的"场景 > Ch11 > 自由的鱼儿 ok.max"文件，如图 11-15 所示。

（2）在"顶"视图中创建样条线，作为鱼儿的运动路径，如图 11-16 所示。

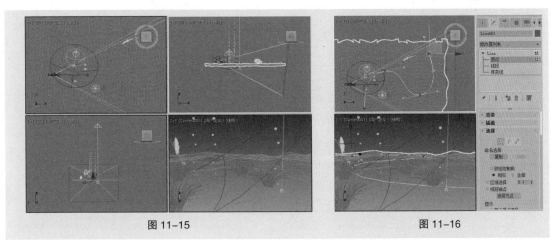

图 11-15   图 11-16

（3）在场景中选择鱼儿模型，切换到 （运动）命令面板，在"指定控制器"卷展栏中单击"位置：TCB 位置"，单击 ✓按钮，弹出"指定位置控制器"对话框，从中选择"路径约束"，单击"确定"按钮，如图 11-17 所示。

（4）在"路径参数"卷展栏中单击"添加路径"按钮，在场景中拾取样条线，勾选"跟随"复选框，选择"轴"为 x 轴，并勾选"翻转"复选框，如图 11-18 所示。

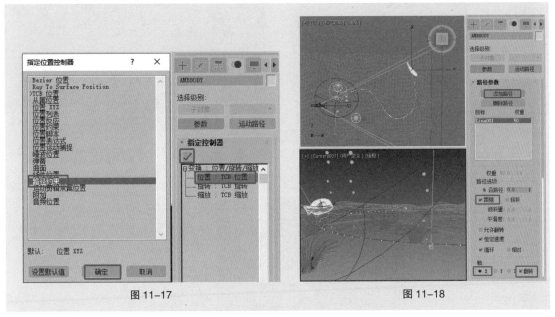

图 11-17   图 11-18

（5）在场景中选择鱼儿模型，确定时间滑块处于第 0 帧，激活"自动关键点"按钮，设置"弯曲"的"角度"为 56.5，如图 11-19 所示。

（6）拖曳时间滑块到第 10 帧，设置"弯曲"的"角度"为 16.5，如图 11-20 所示。

（7）拖曳时间滑块到第 20 帧，设置"弯曲"的"角度"为 -40，如图 11-21 所示。

（8）拖曳时间滑块到第 30 帧，设置"弯曲"的"角度"为 90.5，如图 11-22 所示。

（9）使用同样的方法设置鱼儿的弯曲动画，如图 11-23 所示。最后，对场景动画进行播放和渲染。自由的鱼儿动画制作完成。

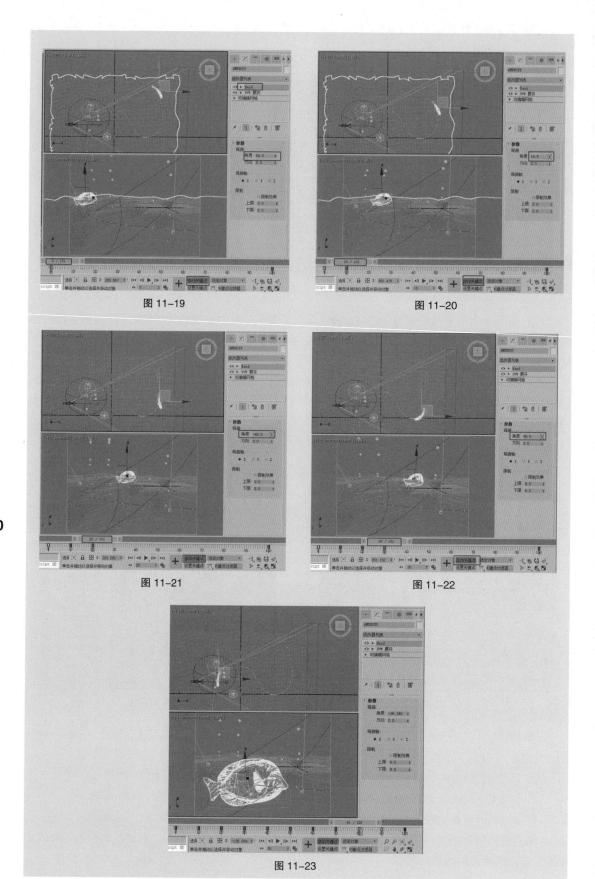

图 11-19

图 11-20

图 11-21

图 11-22

图 11-23

11.3.2 参数

"指定控制器"卷展栏可以为选择的物体指定各种动画控制器,以完成不同类型的运动控制。

在它的列表框中可以看到当前可以指定的动画控制器项目,一般由一个"变换"携带3个分支项目,即"位置""旋转""缩放"项目。每个项目可以提供多种不同的动画控制器,使用时要选择一个项目,这里选择"位置",这时左上角的 ✅(指定控制器)按钮变为可使用状态,单击它会弹出"指定位置控制器"对话框,如图11-24所示。选择一个动画控制器,单击"确定"按钮,此时当前项目右侧显示出新指定的动画控制器名称。

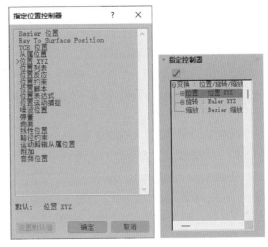

图 11-24

在指定动画控制器后,"变换"下的"位置""旋转""缩放"3个项目会提供相应的控制面板,在这些项目上单击鼠标右键,在弹出的快捷菜单中选择"属性"命令,可以打开其控制面板。

11.3.3 运动路径

"运动路径"面板用于控制对象随时间变化而移动的路径。

1. "可见性"卷展栏(见图11-25)

始终显示运动路径:勾选该复选框,视口中将显示运动路径。

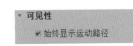

图 11-25

2. "关键点控制"卷展栏(见图11-26)

删除关键点:从运动路径中删除选定关键点。

添加关键点:将关键点添加到运动路径。当单击该按钮一次时,可以通过一次或连续多次单击视口中的运动路径来添加任意数量的关键点。要退出"添加关键点"模式,请再次单击该按钮。

切线:设置用于调整 Bezier 切线(用于通过关键点更改运动路径的形状)的模式。要调整切线,请选择变换工具(例如移动工具或旋转工具),然后拖曳控制柄。

图 11-26

3. "显示"卷展栏(见图11-27)

显示关键点时间:在视口中每个关键点的旁边显示特定帧号。

路径着色:设置运动路径的着色方式。

显示所有控制柄:显示所有关键点(包括未选定的关键点)的切线控制柄。

绘制帧标记(选定的运动路径):绘制白色标记以在特定帧显示运动路径的位置。

绘制渐变标记(选定的运动路径):绘制渐变色标记以在特定帧显示运动路径的位置。

绘制关键点(选定的运动路径):在选定的运动路径上绘制关键点。

绘制帧标记(未选定的运动路径):绘制白色标记以在未选定运动

图 11-27

路径上的特定帧显示运动路径的位置。

绘制关键点（未选定的运动路径）：在未选定的运动路径上绘制关键点。

修剪路径：用于修剪运动路径。

帧偏移：通过仅显示当前帧之前和之后的指定数量的帧来修剪运动路径。例如，输入 100 仅显示时间轴上时间滑块所处位置的前 100 帧和后 100 帧的部分。

帧范围：设置要显示的帧范围。

4. "转换工具"卷展栏（见图 11-28）

开始时间、结束时间：为转换指定间隔。如果从位置关键帧转换为样条线对象，这就是运动路径采样之间的时间间隔。如果从样条线对象转换为位置关键帧，这就是新关键点放置之间的间隔。

图 11-28

采样：设置转换采样的数目。当向任何方向转换时，按照指定时间间隔对源对象采样，并且在目标对象上创建关键点或者控制点。

转化为、转化自：将关键帧位置轨迹转化为样条线对象，或将样条线对象转化为关键帧位置轨迹。这使得用户可以为对象创建样条线运动路径，然后将样条线转化为对象的位置轨迹的关键帧，以便执行各种特定关键帧的功能（例如应用恒定速度到关键点并规格化时间）。或者可以将对象的位置关键帧转化为样条线对象。

塌陷：塌陷选定对象的变换。

位置、旋转、缩放：指定想要塌陷的变换。

11.4 动画约束

动画约束通过将当前对象与其他目标对象进行绑定，从而使用目标对象控制当前对象的位置、旋转或缩放。动画约束需要至少一个目标对象，在使用多个目标对象时，可通过设置每个目标对象的权重来控制其对当前对象的影响程度。

在"运动"命令面板的"参数"面板的"指定控制器"卷展栏中，可通过单击✓（指定控制器）按钮为参数添加动画约束；也可以选择菜单栏中的"动画 > 约束"命令，从弹出的子菜单中选择相应的动画约束。

下面介绍几种常用的动画约束。

11.4.1 附着约束

附着约束是将一个对象附着到另一个对象的表面上，它是一种位置约束，可用于制作对象位置的动画。

附着约束中的目标对象不用必须是网格，但必须能够转化为网格。通过随着时间设置不同的附着关键点，可以在另一对象的不规则曲面上设置对象位置的动画，即使这一曲面是随着时间而改变的。

在"参数"面板的"指定控制器"卷展栏中选择"位置"，单击✓（指定控制器）按钮，在弹出的对话框中选择"附加"选项，如图 11-29 所示。指定约束后，显示"附着参数"卷展栏，如图 11-30 所示。

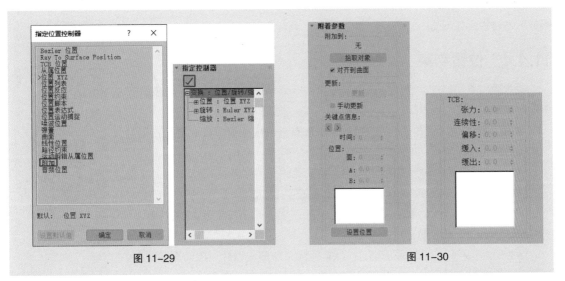

图 11-29   图 11-30

11.4.2　曲面约束

曲面约束能在对象的表面定位另一对象。作为曲面对象的对象类型是有限制的，限制是它们的表面必须能用参数表示。

在 （运动）命令面板的"参数"面板中，在"指定控制器"卷展栏中选择"位置"选项，单击 ✔（指定控制器）按钮，在弹出的对话框中选择"曲面"选项，指定约束后，显示"曲面控制器参数"卷展栏，如图 11-31 所示。

11.4.3　路径约束

路径约束会对一个对象沿着样条线或在多个样条线间的平均距离间的移动进行限制，如图 11-32 所示。

图 11-31

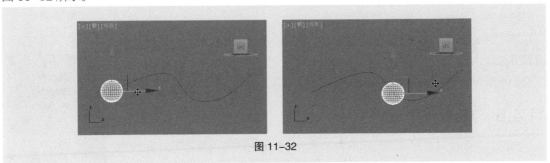

图 11-32

路径目标可以是任意类型的样条线。样条曲线（目标）为约束对象定义了一个运动的路径，目标可以使用任意的变换、旋转、缩放工具设置动画。以路径的子对象级别设置关键点，如顶点或分段，虽然这会影响受约束对象，但可以制作路径的动画。

几个目标对象可以影响受约束的对象。当使用多个目标时，每个目标都有一个权重值，该值决定了它相对于其他目标影响受约束对象的程度。

在 （运动）命令面板中的"参数"面板中，在"指定控制器"卷展栏中选择"位置"选项，单击 ✔（指定控制器）按钮，在弹出的对话框中选择"路径约束"选项，指定约束后，显示"路径参数"卷展栏，如图 11-33 所示。

11.4.4　位置约束

位置约束是将当前对象的位置限制到另一个对象的位置，或多个对象的权重平均位置。

当使用多个目标对象时，每个目标对象都有一个权重值，该值定义它相对于其他目标对象影响受约束对象的程度。

"位置约束"卷展栏（见图 11-34）中参数的介绍如下。

添加位置目标：添加影响受约束对象位置的新目标对象。

删除位置目标：移除目标。一旦将目标移除，它将不再影响受约束的对象。

权重：为每个目标指定并设置动画。

保持初始偏移：勾选该复选框，可保存受约束对象与目标对象的原始距离。这可避免将受约束对象捕捉到目标对象的轴。该复选框默认不勾选。

图 11-33

11.4.5　链接约束

链接约束可使当前对象继承目标对象的位置、旋转和缩放。使用链接约束可以制作出用手拿起物体等动画。

"链接参数"卷展栏（见图 11-35）中参数的介绍如下。

添加链接：单击该按钮，在场景中单击要加入（链接约束）的物体使之成为目标对象，并将其名称添加到下面的目标列表框中。

链接到世界：将对象链接到世界。

删除链接：移除列表框中当前选择的链接目标。

开始时间：用于设置当前选择链接目标对添加对象产生影响的开始帧。

"关键点模式"选项组的介绍如下。

无关键点：选择此单选项，（链接约束）在不插入关键点的情况下使用。

设置节点关键点：选择此单选项，将关键帧写入指定的选项。子对象表示仅在受约束对象上设置关键帧，父对象表示为受约束对象和其所有目标对象都设置关键帧。

设置整个层次关键点：选择此单选项，可在整个链接层次上设置关键帧。

图 11-34

11.4.6　方向约束

方向约束会使某个对象的方向沿着另一个对象的方向或根据若干对象的平均方向的旋转进行限制。

受约束的对象可以是任何可旋转对象，受约束的对象将从目标对象继承其旋转属性。一旦约束后，便不能手动旋转该对象。只要约束对象的方式不影响对象的位置或缩放控制器，便可以移动或缩放该对象。

目标对象可以是任意类型的对象，目标对象的旋转会驱动受约束的对象。可以使用任何标准平移、旋转和缩放工具来设置目标的动画。

在 （运动）命令面板中的"参数"面板中，在"指定控制器"卷展栏

图 11-35

3ds Max 核心应用案例教程（全彩慕课版）（3ds Max 2020）

中选择"旋转"选项，单击 ✓ （指定控制器）按钮，然后指定"方向约束"，如图 11-36 所示。显示当前约束参数，图 11-37 所示为"方向约束"卷展栏。

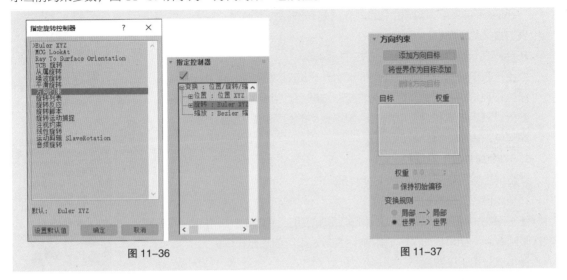

图 11-36　　　　　　　　　　　　　　图 11-37

11.5　动画修改器的应用

　　"修改器列表"中包括一些用于制作动画的修改器，如"路径变形""噪波""融化"等，下面对常用的修改器进行介绍。

11.5.1　"路径变形"修改器

　　"路径变形"修改器可以控制对象沿着路径曲线变形。这是一个非常有用的动画工具，对象在指定的路径上不仅沿路径移动，同时还会发生形变，常用这个功能表现文字在空间滑行的动画效果。

　　"路径变形"修改器的"参数"卷展栏如图 11-38 所示。

　　除了"路径变形"修改器，还有一个"路径变形 WSM"修改器，它与"路径变形"修改器相同，使用起来更容易，常常使用它表现文字在轨迹上滑动变形或者模拟植物缠绕茎盘向上生长的动画效果。其参数基本和"路径变形"相同，只是多一个"转到路径"按钮。

图 11-38

11.5.2　"噪波"修改器

　　"噪波"修改器可以将对象表面的顶点进行随机变动，使表面变得起伏而不规则，常用于制作复杂的地形、地面，也常常指定给对象以产生不规则的造型，如石块、云团、皱纸等。它自带动画噪波设置，只要打开这个设置，就可以产生连续的噪波动画。

11.5.3　"变形器"修改器

　　变形是一种特殊的动画表现形式，可以将一个对象在三维空间变形为另一个形态不同的对象，系统可以自动实现不同形态模型之间的变形动画，但要求变形体之间拥有相同的顶点数目。

1. "通道颜色图例"卷展栏

"通道颜色图例"卷展栏如图 11-39 所示。

"通道颜色图例"卷展栏中的内容只是通道颜色的说明，对不同的通道颜色代表的含义给予解释。

灰色：表示通道未被使用，无法进行编辑。

橙色：表示通道已经被改变，但没有包含变形数据。

绿色：表示通道已被激活，包含变形数据而且目标对象存在于场景中。

蓝色：表示通道包含变形数据，但场景中的目标对象已经被删除。

深灰色：表示通道失效。

图 11-39

2. "全局参数"卷展栏

"全局参数"卷展栏如图 11-40 所示。

"全局设置"选项组的介绍如下。

使用限制：勾选此复选框时，所有通道使用下面的最小值和最大值限制。默认限制在 0 ~ 100。如果取消限制，变形效果可能超出极限。

最小值：用于设置最小的变形值。

最大值：用于设置最大的变形值。

使用顶点选择：只对"变形器"修改器之下的修改命令堆栈中选择的顶点进行变形影响。

"通道激活"选项组的介绍如下。

全部设置：单击该按钮后，激活全部通道，可以控制对象的变形程度。

不设置：单击该按钮后，关闭全部通道，不能控制对象的变形。

指定新材质：单击该按钮后，为变形基本对象指定特殊的"Morpher"变形材质。这种材质是专门配合变形修改使用的，"材质编辑器"面板包含同样的 100 个材质通道，分别对应于"变形器"修改器的 100 个变形通道，每个变形通道的数值变化对应于相应变形材质通道的材质，可以用吸管吸到"材质编辑器"面板中进行编辑。

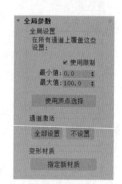

图 11-40

3. "通道列表"卷展栏

"通道列表"卷展栏如图 11-41 所示。

标记列表：用于选择存储的标记，或者在下拉列表框中输入新标记名称后单击"保存标记"按钮创建新的标记。

保存标记：通过下面的垂直滚动条选择变形通道的范围，在下拉列表框中输入名称，单击此按钮保存标记。

删除标记：用于删除下拉列表框中选择的标记。

通道列表：用于显示变形的所有通道，共计 100 个可以使用的变形通道，通过左侧的垂直滑块进行选择。

每个通道右侧都有一个数值可以调节，数值的范围可以自己设定，默认是 0 ~ 100。

列出范围：用于显示当前变形通道列表中可视通道的范围。

加载多个目标：打开一个对象名称选择框，可以一次选择多个目标对象加入空白的变形通道中，它们会按照顺序依次排列，如果选择的目标对象超过了拥有的空白通道数目，将会给出提示。

重新加载所有变形目标：用于重新加载目标对象的信息到通道。

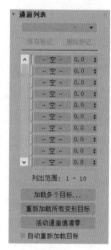

图 11-41

活动通道值清零：用于将当前激活的通道值还原为0。如果激活"自动关键点"按钮，单击此按钮可以在当前位置记录关键点。首先，单击此按钮将通道值设置为0，然后设置想要的变形值，这样可以有效地防止变形插值对模型的破坏。

自动重新加载目标：勾选该复选框，动画的目标对象的信息会自动在变形通道中更新，不过会占用系统的资源。

4. "通道参数"卷展栏

"通道参数"卷展栏如图11-42所示。

图11-42

通道序列号：用于显示当前选择通道的名称和序列号。单击序号按钮会弹出一个菜单，用于组织和定位通道。

通道处于活动状态：用于控制选择通道的有效状态，如果取消勾选此复选框，该通道会暂时失去作用，对它的数值调节依然有效，但不会在视图上显示和刷新。

"创建变形目标"选项组的介绍如下。

从场景中拾取对象：单击该按钮，在视图中单击对象，可将这个对象作为当前选择通道的变形目标对象。

捕获当前状态：选择一个空白通道后，单击该按钮，将使用当前模型的形态作为一个变形目标对象，系统会给出一个命名提示，为这个目标对象设定名称。指定后的通道总是以蓝色显示，因为这种情况是没有真正几何体的一种变形目标，单击下面的"提取"按钮可以将这个目标对象提取出来，变成真正的几何模型实体。

删除：用于删除当前选择通道的变形目标指定，将其变为一个空白通道。

提取：选择一个蓝色通道后单击此按钮，将依据变形数据创建一个对象。如果使用"捕获当前状态"创建了一个变形目标体，又希望能够对它进行编辑操作，这时可以先将它提取出来，然后再作为标准的变形目标指定给变形通道，这样即可对它进行编辑操作。

"通道设置"选项组用于对当前选择通道进行设置，同样的设置内容在"全局参数"卷展栏中也有。

使用限制：对当前选择的通道进行数值范围限制。只有在"全局参数"卷展栏下的"使用限制"复选框取消勾选时才起作用。

最小值：用于设置最小的变形值。

最大值：用于设置最大的变形值。

使用顶点选择：在当前通道只对选择的顶点进行变形。

"渐进变形"选项组的介绍如下。

目标列表：显示当前通道中所有与目标模型关联的中间过渡模型。如果要为选择的通道添加中间过渡模型，可以直接单击"从场景中拾取对象"按钮，然后在视图中选取过渡模型。

上升/下降：用于改变列表中中间过渡模型控制变形的先后顺序。

目标%：指定当前选择的中间过渡体对整个变形影响的百分比。

张力：控制中间过渡体变形间的插补方式。值为1时，创建比较放松的变化，导致整个变形效果松散；值为0时，在目标体之间创建线性的插补变化，比较生硬。一般使用默认值0.5可以得到比较好的过渡效果。

删除目标：从目标列表中删除当前选择的中间变形体。

5. "高级参数"卷展栏

"高级参数"卷展栏如图11-43所示。

微调器增量：通过下面 3 个选项设置用鼠标调节变形通道右侧数值按钮时递增的数值精度。默认情况为 1，有 100 个过渡可调；如果设置为 0.1，变形效果将更加细腻；如果设置为 5，变形效果会比较粗糙。

精简通道列表：单击该按钮，通道列表会自动重新排列，主要是向后调整空白通道，把全部有效通道按原来的顺序排在最前面，如果两个有效通道之间有空白通道，会将空白通道移至所有的有效通道后，这样，列表的前部都会是有效的变形通道。

图 11-43

近似内存使用情况：用于显示当前变形修改使用内存的大小。

11.5.4 "融化"修改器

"融化"修改器常用来模拟变形、塌陷的效果，如融化的冰激凌。这个修改器支持任何对象类型，包括面片对象和 NURBS 对象，包括边界的下垂、面积的扩散等控制项目，用于表现塑料、冻胶等不同类型物质的融化效果。"参数"卷展栏如图 11-44 所示。

数量：指定 Gizmo 影响对象的程度，可以输入 0 ~ 1000 的值。

融化百分比：指定在"数量"增加时对象融化蔓延的范围。

固态：用于设置融化对象中心的相对高度。可以选择预设的数值，也可自定义这个高度。

融化轴：设置融化作用的轴向。这个轴是作为 Gizmo 线框的轴，而非选择对象的轴。

图 11-44

翻转轴：用于改变作用轴的方向。

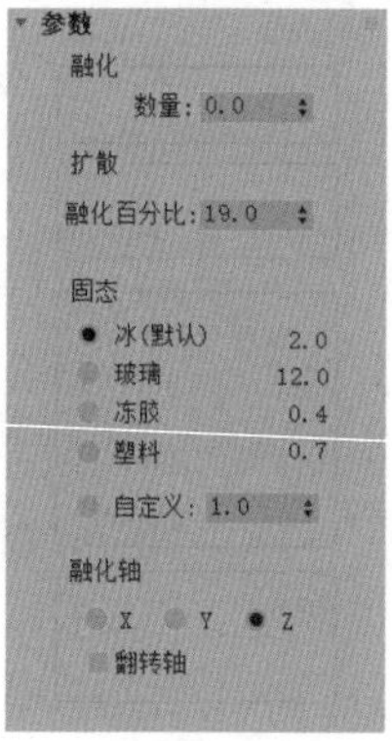

11.5.5 "柔体"修改器

"柔体"修改器使用对象顶点之间的虚拟弹力线模拟软体动力学。由于顶点之间建立的是虚拟的弹力线，所以可以通过设置弹力线的柔韧程度来调节顶点之间距离的远近。

"柔体"修改器对不同类型模型的表面的影响不同。

网格对象："柔体"修改器影响对象表面的所有顶点。

面片对象："柔体"修改器影响对象表面的所有控制点和控制手柄，切线控制手柄不会被锁定，可以受柔体影响自由移动。

NURBS 对象："柔体"修改器影响 CV 控制点和 Point 点。

二维图形："柔体"修改器影响所有的顶点和切线手柄。

FFD 空间扭曲："柔体"修改器影响 FFD 晶格的所有控制点。

下面分别介绍"柔体"修改器的卷展栏。

1. "参数"卷展栏

"参数"卷展栏（见图 11-45）中各参数的介绍如下。

柔软度：用于设置物体被拉伸和弯曲的程度。在软体动画制作中，软体变形的程度还会受到运动剧烈程度和顶点权重值的影响。

强度：用于设置对象受反向弹力的强度大小，默认值为 3，取值范围为 0 ~ 100，当值为 100 时表现为完全刚性。

倾斜：用于设置物体摆动回到静止位置的时间。值越小，对象返回静

图 11-45

止位置需要的时间越长，表现出的效果是摆动比较缓慢，取值范围为 0 ～ 100，默认值为 7。

使用跟随弹力：勾选时反向弹力有效。反向弹力是强制物体返回初始形态的力，当物体受运动和力产生弹性变形时，自身可以产生一种相反的克制力，与外界的力相反，可使物体的形态返回初始形态。

使用权重：勾选该复选框时，指定给对象顶点不同的权重进行计算，会产生不同的弯曲效果。取消勾选该复选框时，物体各部分受到一致的权重影响。

下拉列表：从下拉列表中选择一种模拟求解类型，也可以换成另外两种更精确的计算方式，这两种高级求解方式往往还需要设定更高的"强度""刚度"，但产生的结果更稳定、精确。

采样：用于控制模拟的精度，采样值越大，模拟越精确和稳定，相应所耗费的计算时间也越多。

2. "简单软体"卷展栏

"简单软体"卷展栏（见图 11-46）中各参数的介绍如下。

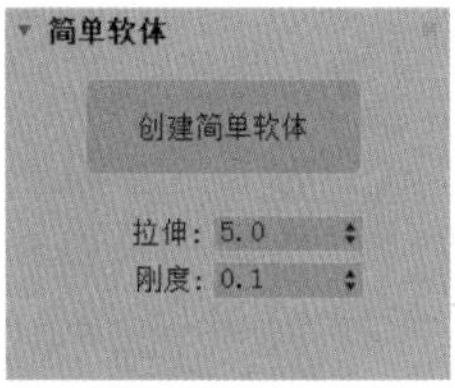

创建简单软体：根据"拉伸""刚度"使物体产生弹力设置。在使用这个命令后，调节"拉伸""刚度"的值时可以不必再单击这个按钮。

拉伸：用于设置物体的边界可以拉伸的程度。

刚度：用于指定当前物体的硬度。

图 11-46

3. "权重和绘制"卷展栏

"权重和绘制"卷展栏（见图 11-47）中各参数的介绍如下。

"绘制权重"选项组的介绍如下。

绘制：使用一个球形的笔刷在对象顶点上绘制设置点的权重。

强度：用于设置绘制每次单击改变的权重大小。值越大，权重改变得越快，值为 0 时不改变权重，值为负数时减小权重，取值范围是 -1 ～ 1，默认值为 0.1。

半径：用于设置笔刷的大小，即影响范围，在视图上可以看到球形的笔刷标记，取值范围是 0.001 ～ 99999，默认值为 36。

羽化：用于设置笔刷从中心到边界的强度衰减，取值范围是 0.001 ～ 1，默认值为 0.7。

"顶点权重"选项组的介绍如下。

绝对权重：勾选此复选框时，为绝对权重，直接在下面的文本框中输入数据设置权重值。

顶点权重：用于设置选择点的权重大小，如果没有勾选"绝对权重"复选框，此处不会保留当前顶点真实的权重数值，每次调节完成后都会自动变为 0。

图 11-47

4. "力和导向器"卷展栏

"力和导向器"卷展栏（见图 11-48）中各参数的介绍如下。

"力"组：可为当前的"柔体"修改器增加空间扭曲，支持的空间扭曲包括贴图置换、拉力、重力、马达、粒子爆炸、推力、漩涡和风。

添加：单击该按钮后，在视图中可以单击空间扭曲物体，将它引入当前的"柔体"修改器中。

移除：从列表中删除当前选择的空间扭曲物体，解除它对柔体对象的影响。

导向器：用通道导向板阻挡和改变柔体运动的方向，限制对象在一定空间进行运动。

图 11-48

5.　"高级参数"卷展栏

"高级参数"卷展栏（见图11-49）中各参数的介绍如下。

参考帧：用于设置柔体开始进行模拟的起始帧。

结束帧：勾选该复选框，设置柔体模拟的结束帧，对象会在此帧变为初始形态。

影响所有点：强制柔体忽略修改规模中的任何子对象选择，而是指定给整个物体。

设置参考：用于更新视图。

重置：用于恢复顶点的权重值为默认值。

6.　"高级弹力线"卷展栏

"高级弹力线"卷展栏（见图11-50）中各参数的介绍如下。

启用高级弹力线：勾选该复选框后，下面的数值设置才有效。

添加弹力线：在"权重和弹力线"子对象中，在当前选择的顶点上增加更多的弹力线。

选项：用于设置将要添加的弹力线类型。单击该按钮后，出现选择弹力线类型的对话框，其中提供了5种弹力线类型，如图11-51所示。

移除弹力线：用于在"权重和弹力线"子对象级别中删除选择点的全部弹力线。

拉伸强度：用于设置边界弹力线的强度。值越大，产生变化的距离越小。

拉伸倾斜：用于设置边界弹力线的摆度。值越大，产生变化的角度越小。

图形强度：用于设置形态弹力线的强度。值越大，产生变化的距离越小。

图形倾斜：用于设置形态弹力线的摆度。值越大，产生变化的角度越小。

保持长度：用于在指定的百分比内保持边界弹力线的长度。

显示弹力线：在视图上以蓝色的线显示出边界弹力线，以红色的线显示出弹力线，此复选框只有在柔体的子对象层级模式下才能在视图上起作用。

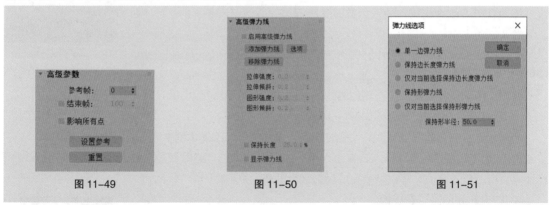

图11-49　　　　　图11-50　　　　　图11-51

11.6　粒子系统

使用粒子制作标版动画可以使动画展现出灵动的魅力，粒子也是最为常用的标版类型动画。

11.6.1　粒子流源

"粒子流源"是一种时间驱动型的粒子系统，它可以自定义粒子的行为，设置寿命、碰撞和速度等测试条件，每一个粒子根据其测试结果会产生相应的转台和形状。

单击"➕（创建）>●（几何体）>粒子系统>粒子流源"按钮，按住鼠标左键并拖曳鼠标即可在视图中创建一个"粒子流源"粒子系统。

"发射"卷展栏（见图11-52）中各参数的介绍如下。

"发射器图标"选项组用于设置发射器图标属性。

徽标大小：通过设置发射器的半径指定粒子的徽标大小。

图标类型：从下拉列表中选择图标类型，图标类型将影响粒子的反射效果。

长度：用于设置图标的长度。

宽度：用于设置图标的宽度。

高度：用于设置图标的高度。

显示：设置是否在视图中显示徽标和图标。

"数量倍增"选项组用于设置数量显示。

视口 %：在场景中显示的粒子百分数。

渲染 %：用于渲染的粒子百分数。

"系统管理"卷展栏（见图11-53）中各参数的介绍如下。

粒子数量：使用这些设置可限制系统中的粒子数，以及指定更新系统的频率。

上限：系统可以包含粒子的最大数目。

积分步长：对于每个积分步长，粒子流都会更新粒子系统，将每个活动动作应用于其事件中的粒子。较小的积分步长可以提高精度，却需要较多的计算时间。这些设置使用户可以在渲染时对视口中的粒子动画应用不同的积分步长。

视口：用于设置在视口中播放的动画的积分步长。

渲染：用于设置渲染时的积分步长。

切换到  （修改）命令面板，会出现"选择"和"脚本"卷展栏。

"选择"卷展栏（见图11-54）中各参数的介绍如下。

（粒子）：用于通过单击粒子或拖动一个区域来选择粒子。

（事件）：用于按事件选择粒子。

"按粒子 ID 选择"选项组：每个粒子都有唯一的 ID，从第一个粒子使用 1 开始，并递增计数。使用这些控件可按粒子 ID 选择和取消选择粒子，仅适用于"粒子"选择级别。

ID：可设置要选择的粒子的 ID。每次只能设置一个数字。

添加：设置完要选择的粒子的 ID 后，单击"添加"按钮，可将其添加到选择中。

移除：设置完要取消选择的粒子的 ID 后，单击"移除"按钮，可将其从选择中移除。

清除选定内容：勾选该复选框后，单击"添加"按钮选择粒子，会取消选择所有其他粒子。

从事件级别获取：单击该按钮，可将"事件"级别选择转化为"粒子"级别，仅适用于"粒子"级别。

按事件选择：该列表框显示了粒子流中的所有事件，并高亮显示选定的事件。要选择所有事件的粒子，请单击其选项或使用标准视口选择方法。

"脚本"卷展栏（见图11-55）中参数的介绍如下。

每步更新："每步更新"脚本在每个积分步长的末尾、计算完粒子系统中所有动作后和所有粒子最终在各自的事件中时进行计算。

图 11-52

图 11-53

图 11-54

启用脚本：勾选此复选框，可打开具有当前脚本的文本编辑器窗口。

编辑：单击"编辑"按钮将弹出打开相应对话框。

使用脚本文件：当此复选框处于勾选状态时，可以通过单击下面的"无"按钮加载脚本文件。

无：单击此按钮可弹出打开相应对话框，可通过此对话框指定要从磁盘加载的脚本文件。

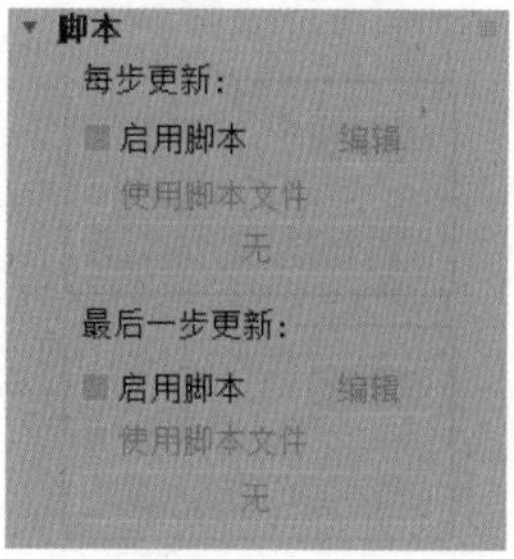

"最后一步更新"选项组：当完成所查看（或渲染）的每帧的最后一个积分步长后，执行"最后一步更新"脚本。例如，在关闭实时的情况下，如果在视口中播放动画，则在粒子系统渲染到视口之前，粒子流会立即按每帧运行此脚本。但是，如果只是跳转到不同帧，则脚本只运行一次。因此如果脚本采用某一历史记录，就可能获得意外结果。

图 11-55

11.6.2 喷射

"喷射"粒子系统发射垂直的粒子流，粒子可以是四面体（三棱锥），也可以是正方形面片。这种粒子系统参数较少，易于控制，使用起来很方便，所有数值均可制作动画效果。

单击"➕（创建）> ⬤（几何体）> 粒子系统 > 喷射"按钮，按住鼠标左键并拖曳鼠标即可在视图中创建一个"喷射"粒子系统。

"喷射"粒子系统的"参数"卷展栏（见图 11-56）中各参数的介绍如下。

"粒子"选项组的介绍如下。

视口计数：用于设置在视图上显示的粒子数量。

渲染计数：用于设置最后渲染时可以同时出现在一帧中的粒子的最大数量，它与"计时"选项组中的参数组合使用。

水滴大小：用于设置渲染时每个粒子的大小。

速度：用于设置粒子从发射器流出时的初速度，它将保持不变，只有增加粒子空间扭曲后，它才会发生变化。

变化：可影响粒子的初速度和方向，值越大，粒子喷射得越猛烈，喷洒的范围也越大。

图 11-56

水滴、圆点、十字叉：用于设置粒子在视图中的显示状态。"水滴"是一些类似雨滴的条纹，"圆点"是一些点，"十字叉"是一些小的加号。

"渲染"选项组的介绍如下。

四面体：以四面体（三棱锥）作为粒子的外形进行渲染，常用于表现水滴。

面：以正方形面片作为粒子外形进行渲染，常用于有贴图设置的粒子。

"计时"选项组的介绍如下。

开始：用于设置粒子从发射器喷出的帧号，可以是负值，表示在 0 帧以前已开始。

寿命：用于设置每个粒子从出现到消失所存在的帧数。

出生速率：用于设置每一帧新粒子产生的数目。

恒定：勾选该复选框后，"出生速率"参数将不可用，所用的出生速率等于最大可持续速率；取消勾选该复选框后，"出生速率"参数可用。

"发射器"选项组的介绍如下。

宽度、长度：分别用于设置发射器的宽度和长度。在粒子数目确定的情况下，面积越大，粒子越稀疏。

隐藏：勾选该复选框后，可以在视口中隐藏发射器；取消勾选该复选框后，可以在视口中显示发射器，发射器不会被渲染。

11.6.3　雪

"雪"粒子系统与"喷射"粒子系统几乎没有差别，只是粒子的形态可以是六角形面片（用来模拟雪花），而且增加了翻滚参数（用于控制每一片雪花在落下的同时进行翻滚运动）。

单击"　＋　（创建） ＞ ●（几何体）＞ 粒子系统 ＞ 雪"按钮，按住鼠标左键并拖曳鼠标即可在视图中创建"雪"粒子系统。

"雪"粒子系统的"参数"卷展栏（见图 11–57）中各参数的介绍如下。

因为"雪"粒子系统与"喷射"粒子系统的参数基本相同，所以下面仅对不同的参数进行介绍。

雪花大小：用于设置渲染时每个粒子的大小。

翻滚：设置雪花粒子的随机旋转量。此参数的范围是 0 ~ 1。设置为 0 时，雪花不旋转；设置为 1 时，雪花旋转最多。每个粒子的旋转轴随机生成。

翻滚速率：设置雪花旋转的速度，值越大，翻滚得越快。

六角形：以六角形面进行渲染，常用于表现雪花。

图 11–57

11.6.4　暴风雪

"暴风雪"粒子系统是"雪"粒子系统的高级版本。"暴风雪"粒子系统从一个平面向外发射粒子流，与"雪"粒子系统相似，但功能更为复杂。暴风雪的名称并非强调它的猛烈，而是指它的功能强大，不仅可用于普通雪景的制作，还可用于表现火花进射、气泡上升、开水沸腾、满天飞花和烟雾升腾等特殊效果。

单击"　＋　（创建） ＞ ●（几何体）＞ 粒子系统 ＞ 暴风雪"按钮，按住鼠标左键并拖动鼠标即可在视图中创建"暴风雪"粒子系统。

1.　"基本参数"卷展栏

"基本参数"卷展栏如图 11–58 所示。

宽度、长度：用于设置发射器平面的长度和宽度，即确定粒子发射器覆盖的面积。

发射器隐藏：用于设置是否将发射器图标隐藏。

视口显示：用于设置在视图中粒子以哪种形式显示，这和最后的渲染效果无关，其中包括"圆点""十字叉""网格""边界框"。

2.　"粒子生成"卷展栏

"粒子生成"卷展栏如图 11–59 所示。

使用速率：其下方的数值决定了每一帧粒子产生的数目。

使用总数：其下方的数值决定了在整个生命系统中产生粒子的总数目。

速度：用于设置在粒子生命周期内粒子每一帧的运行距离。

图 11–58

变化：为每一个粒子发射的速度指定一个百分比变化量。

翻滚：用于设置粒子随机旋转的数量。

翻滚速率：用于设置粒子旋转的速度。

发射开始：用于设置粒子从哪一帧开始出现在场景中。

发射停止：用于设置粒子最后被发射出的帧号。

显示时限：用于设置到多少帧时，粒子将不显示在视图中，这不影响粒子的实际效果。

寿命：用于设置每个粒子诞生后的生存时间。

变化：用于设置每个粒子寿命的变化百分比。

子帧采样：提供了"创建时间""发射器平移""发射器旋转"3个复选框，用于避免粒子在普通帧计数下产生肿块，而不能完全打散，先进的"子帧采样"功能提供了更高的分辨率。

创建时间：勾选该复选框，可在时间上增加偏移处理，以避免时间上的肿块堆集。

发射器平移：如果发射器本身在空间中有移动变化，勾选该复选框可以避免产生移动中的肿块堆集。

发射器旋转：如果发射器在发射时自身进行旋转，勾选该复选框可以避免肿块，并且产生平稳的螺旋效果。

大小：用于设置粒子的尺寸。

变化：用于设置每个可进行尺寸变化的粒子的尺寸变化百分比。

增长耗时：用于设置粒子从极小尺寸变化到正常尺寸所经历的时间。

衰减耗时：用于设置粒子从正常尺寸萎缩到完全消失的时间。

新建：随机指定一个种子数。

种子：使用数值框指定种子数。

图 11-59

3. "粒子类型"卷展栏

"粒子类型"卷展栏如图 11-60 所示。

"粒子类型"区域中提供了 3 种粒子类型的选择方式。在此项目下是 3 种粒子类型的各自分项目，只有当前选择类型的分项目处于有效控制状态，其余的以灰色显示。对每一个粒子阵列，只允许设置一种类型的粒子，但允许用户将多个粒子阵列绑定到同一个目标对象上，这样就可以产生不同类型的粒子了。

"标准粒子"区域中提供了 8 种特殊基本几何体作为粒子，分别为"三角形""立方体""特殊""面""恒定""四面体""六角形""球体"。

在"粒子类型"区域中选择"变形球粒子"单选项后，即可对"变形球粒子参数"区域中的参数进行设置。

图 11-60

张力：用于控制粒子的紧密程度，值越大，粒子越小，也就越不易融合；值越小，粒子越大，也就越黏滞，不易分离。

变化：可影响张力的变化值。

计算粗糙度：粗糙度可控制每个粒子的细腻程度，系统默认为"自动粗糙"处理，以加快显示速度。

渲染：用于设定最后渲染时的粗糙度，值越小，粒子越平滑，否则会变得有棱角。

视口：用于设置显示时看到的粗糙程度，这里一般设得较大，以保证屏幕的正常显示速度。

自动粗糙：根据粒子的尺寸，在 1/4 到 1/2 尺寸之间自动设置粒子的粗糙程度，视口粗糙度会设置为渲染粗糙度的 2 倍。

一个相连的水滴：勾选该复选框后，使用一种只对相互融合的粒子进行计算和显示的简便算法。这种方式可以加速粒子的计算，但使用时应注意所有的变形球粒子应融合在一起，如一摊水，否则只能显示和渲染最主要的一部分。

在"粒子类型"区域中选择"实例几何体"单选项后，即可对"实例参数"区域中的参数进行设置。

拾取对象：单击该按钮，在视图中选择一个对象，可以将它作为一个粒子的源对象。

使用子树：如果选择的对象有连接的子对象，勾选该复选框，可以将子对象一起作为粒子的源对象。

动画偏移关键点：其下几项设置是针对带有动画设置的源对象的。如果源对象指定了动画，将会同时影响所有的粒子。

无：不产生动画偏移，即每一帧场景中产生的所有粒子在这一帧都相同于源对象在这一帧时的动画效果。例如一个球体粒子替身，自身从 0 ~ 30 帧产生一个压扁动画，那么在第 20 帧，所有这时可看到的粒子都与此时的源对象具有相同的压扁效果，选中每一个新出生的粒子都继承这一帧时源对象的动作，作为初始动作。

出生：每个粒子从自身诞生的帧数开始，做出与源对象相同的动作。

随机：根据"帧偏移"，设置起始动画帧的偏移数。当值为 0 时，与"无"的结果相同；否则，粒子的运动将根据"帧偏移"的数值产生随机偏移。

帧偏移：用于指定从源对象的当前计时的偏移值。

发射器适配平面：选择该单选项后，将对发射平面进行贴图坐标的指定，贴图方向垂直于发射方向。

时间：通过其下的数值指定从粒子诞生后多少帧将一个完整贴图贴在粒子表面。

距离：通过其下的数值指定粒子诞生后间隔多少帧将完成一次完整的贴图。

材质来源：单击该按钮，更新粒子的材质。

图标：使用当前系统指定给粒子的图标颜色。

实例几何体：使用粒子的源对象材质。

4. "旋转和碰撞"卷展栏

"旋转和碰撞"卷展栏如图 11-61 所示。

自旋时间：用于控制粒子自身旋转的节拍，即一个粒子进行一次自旋需要的时间。值越大，自旋越慢，当值为 0 时，不发生自旋。

变化：用于设置自旋时间变化的百分比。

相位：用于设置粒子诞生时的旋转角度。它对碎片类型无意义，因为它们总是由 0° 开始分裂。

变化：用于设置相位变化的百分比。

随机：可随机为每个粒子指定自旋轴向。

用户定义：可通过 3 个轴向数值框，自行设置粒子沿各轴向进行自旋的角度。

图 11-61

变化：用于设置 3 个轴向自旋设定的变化百分比。

启用：勾选该复选框后，才会进行粒子之间如何碰撞的计算。

计算每帧间隔：用于设置在粒子碰撞过程中每次渲染间隔的数量。

反弹：用于设置碰撞后恢复速率的程度。

变化：用于设置粒子碰撞变化的百分比。

5. "对象运动继承"卷展栏

"对象运动继承"卷展栏如图 11-62 所示。

影响：当发射器有移动动画时，此值将决定粒子的运动情况。值为 100 时，粒子会在发射后，仍保持与发射器相同的速度，在自身发散的同时，跟随发射器进行运动，形成动态发散效果；当值为 0 时，粒子发散后会马上与目标对象脱离关系，自身进行发散，直到消失，产生边移动边脱落粒子的效果。

图 11-62

倍增：用来加大移动目标对象对粒子造成的影响。

变化：用于设置"倍增"参数的变化百分比。

6. "粒子繁殖"卷展栏

"粒子繁殖"卷展栏如图 11-63 所示。

无：用于控制整个繁殖系统的开关。

碰撞后消亡：用于设置粒子在碰撞到绑定的空间扭曲对象后消亡。

持续：用于设置粒子在碰撞后持续的时间。默认值为 0，即碰撞后立即消失。

变化：用于设置每个粒子持续变化的百分比值。

碰撞后繁殖：用于设置粒子在碰撞到绑定的空间扭曲对象后，按"繁殖数"进行繁殖。

消亡后繁殖：用于设置粒子在生命结束后按"繁殖数"进行繁殖。

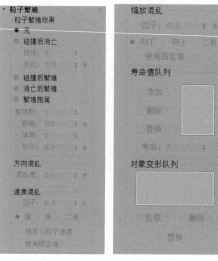

图 11-63

繁殖拖尾：用于设置粒子在经过每一帧后，都会产生一个新个体，沿其运动轨迹继续运动。

繁殖数：用于设置一次繁殖产生的新个体数目。

影响：用于设置在所有粒子中，有多少百分比的粒子会发生繁殖作用。此值为 100 时，表示所有的粒子都会发生繁殖作用。

倍增：按数目设置进行繁殖数的成倍增长，要注意当此值增大时，成倍增长的新个体会相互重叠，只有进行了方向与速率等参数的设置，才能将它们分离开。

变化：用于指定"倍增"值在每一帧发生变化的百分。

混乱度：用于设置新个体在其父粒子方向的变化值。当值为 0 时，不发生方向变化；值为 100 时，它们会以任意随机方向运动；值为 50 时，它们的运动方向与父粒子的路径最多成 90°。

因子：用于设置新个体相对于父粒子的百分比变化范围。值为 0 时，不发生速度改变，否则会依据其下的 3 种方式进行速度的改变。

慢、快、二者：随机减慢或加快新个体的速度，或是一部分减慢速度、一部分加快速度。

继承父粒子速度：新个体在继承父粒子速度的基础上进行速率变化，形成拖尾效果。

使用固定值：勾选该复选框后，"因子"设置的范围将变为一个恒定值影响新个体，产生规则的效果。

因子：设置新个体相对于父粒子尺寸的百分比缩放范围，依据其下的 3 种方向进行改变。

向下、向上、二者：随机缩小或放大新个体的尺寸，或者是一部分放大、一部分缩小。

使用固定值：勾选该复选框时，设置的范围将变为一个恒定值来影响新个体，产生规则的缩放效果。

"寿命值队列"选项组：用来为产生的新个体指定一个新的寿命值，而不是继承其父粒子的寿命值。先在"寿命"数值框中输入新的寿命值，单击"添加"按钮，即可将它指定给新个体，其值也出现在右侧列表框中；单击"删除"按钮可以将在列表框中选择的寿命值删除；单击"替换"按钮可以将在列表框中选择的寿命值替换为"寿命"数值框中的值。

寿命：可以设置一个值，然后单击"添加"按钮将该值加入列表框。

"对象变形队列"选项组：用于制作父粒子造型与新指定的繁殖新个体造型之间的变形。其下的列表框中罗列着新个体替身对象名称。

拾取：用于在视图中选择要作为新个体替身对象的几何体。

删除：用于将列表框中选择的替身对象删除。

替换：单击该按钮，可以将列表框中的替身对象与在视图中选取的对象进行替换。

7．"加载 / 保存预设"卷展栏

"加载 / 保存预设"卷展栏如图 11-64 所示。

预设名：用于输入名称。

保存预设：这里提供了几种预置参数，包括"blizzard"（暴风雪）、"rain"（雨）、"mist"（薄雾）和"snowfall"（降雪）。

加载：单击该按钮，可以将在列表框中选择的设置调出。

保存：单击该按钮，可以将当前设置保存，其名称会出现在设置列表中。

删除：单击该按钮，可以将在列表框中选择的设置删除。

图 11-64

11.6.5　超级喷射

"超级喷射"粒子系统是从一个点向外发射粒子流，产生线性或锥形的粒子群形态。通过参数控制，可以实现喷射、拖尾、拉长、气泡晃动、自旋等多种特殊效果，常用来制作飞机喷火、潜艇喷水、机枪扫射、水管喷水、喷泉、瀑布等特效。它的功能比较复杂。

"超级喷射"粒子系统的"基本参数"卷展栏如图 11-65 所示。

轴偏离：用于设置粒子与发射器中心 z 轴的偏离角度，产生斜向喷射的效果。

扩散：用于设置在 z 轴方向上，粒子发射后散开的角度。

平面偏离：用于设置粒子在发射器平面上的偏离角度。

扩散：用于设置在发射器平面上，粒子发射后散开的角度，产生空间的喷射。

图标大小：用于设置发射器图标的大小，它对发射效果没有影响。

发射器隐藏：用于设置是否将发射器图标隐藏，发射器图标即使在屏幕上，它也不会被渲染出来。

视口显示：用于设置在视图中粒子以何种形式进行显示，这和最后的渲染效果无关。

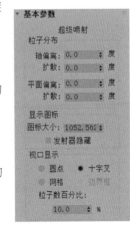

图 11-65

粒子数百分比：用于设置粒子在视图中显示数量的百分比，如果全部显示，可能会减慢显示速度，因此将此值设小，近似看到大致效果即可。

"加载/保存预设"卷展栏中提供了几种预置参数："Bubbles"（泡沫）、"Fireworks"（礼花）、"Hose"（水龙）、"Shockwave"（冲击波）、"Trail"（拖尾）、"Welding Sparks"（电焊火花）和"Default"（默认），如图 11-66 所示。

在本粒子系统中没有介绍到的参数，可以参见其他粒子系统的参数介绍，功能大都相似。

图 11-66

11.6.6　粒子阵列

"粒子阵列"粒子系统以一个三维对象作为分布对象，从它的表面向外发散出粒子阵列。分布对象对整个粒子宏观的形态起决定性作用，粒子可以是标准基本体，也可以是其他替代对象，还可以是分布对象的外表面。

"粒子阵列"粒子系统的"基本参数"卷展栏如图 11-67 所示。

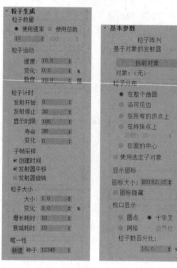

拾取对象：单击该按钮，可以在视图中选择要作为分布对象的对象。

对象：当在视图中选择对象后，这里会显示出对象的名称。

在整个曲面：用于在整个发射器对象表面随机地发射粒子。

沿可见边：用于在发射器对象可见的边界上随机地发射粒子。

在所有的顶点上：用于从发射器对象的每个顶点上发射粒子。

在特殊点上：用于指定从发射器对象所有顶点中随机选择的若干个顶点上发射粒子，顶点的数目由"总数"决定。

图 11-67

总数：在选择"在特殊点上"单选项后，用于指定使用的发射器点数。

在面的中心：用于从发射器对象每一个面的中心发射粒子。

使用选定子对象：使用网格对象和一定范围的面片对象作为发射器，可以通过"编辑网格"等修改器的帮助，选择自身的子对象来发射粒子。

图标大小：用于设置粒子系统图标在视图中显示的尺寸大小。

图标隐藏：用于设置是否将粒子系统图标隐藏。

在"视口显示"选项组中设置粒子在视图中的显示方式，包括"圆点""十字叉""网格""边界框"，与最终渲染的效果无关。

粒子数百分比：用于设置粒子在视图中显示数量的百分比，如果全部显示，可能会减慢显示速度，因此将此值设小，近似看到大致效果即可。

"粒子生成"卷展栏中的"散度"参数用于设置每一个粒子的发射方向相对于发射器表面法线的夹角，可以在一定范围内波动。该值越大，发射的粒子束越集中；该值越小则越分散。

"粒子类型"卷展栏（见图 11-68）的"粒子类型"选项组中提供了 4 种粒子类型选择方式，此项目下是 4 种粒子类型的各自分项目，只有当前选择类型的分项目处于有效控制状态，其余的分项目以灰色显示。对每一种粒子阵列，只允许设置一种类型的粒子，但允许将多个粒子阵列绑定到同一个分布对象上，这样就可以产生不同类型的粒子了。

"对象碎片控制"选项组中各参数的介绍如下。

厚度：用于设置碎片的厚度。

所有面：用于将分布在对象上的所有三角面分离，炸成碎片。

碎片数目：通过其下的数值框设置碎片的块数，值越小，碎块越少，每个碎块也越大。当要表现坚固、大的对象（如飞机、山等）碎裂时，值应偏小；当要表现粉碎性很高的炸裂时，值应偏大。

平滑角度：根据对象表面平滑度进行面的分裂，其下的"角度"用来设定角度值，值越小，对象表面分裂得越碎。

"材质贴图和来源"选项组中各参数的介绍如下。

时间：通过其下方的数值指定自从粒子诞生后间隔多少帧将一个完整贴图贴在粒子表面。

距离：通过其下方的数值指定粒子诞生后间隔多少帧将完成一次完整的贴图。

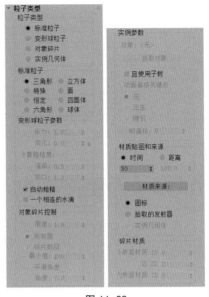

图 11-68

材质来源：单击该按钮，可以更新粒子的材质。

图标：使用当前系统指定给粒子的图标颜色。

拾取的发射器：粒子系统使用分布对象的材质。

实例几何体：使用粒子的替身几何体材质。

"碎片材质"选项组中各选项的介绍如下。

外表面材质 ID：外表面材质 ID。

边 ID：边材质 ID。

内表面材质 ID：内表面材质 ID。

"旋转和碰撞"卷展栏如图 11-69 所示。

运动方向 / 运动模糊：以粒子发射的方向作为自身的旋转轴向，这种方式会产生放射状粒子流。

拉伸：沿粒子发射方向拉伸粒子的外形，此拉伸强度会依据粒子速度的不同而变化。

图 11-69

"气泡运动"卷展栏如图 11-70 所示。

幅度：用于设置粒子因晃动而偏离其速度轨迹线的距离。

变化：用于设置每个粒子幅度变化的百分比。

周期：用于设置一个粒子沿着波浪曲线完成一次晃动所需的时间。

变化：用于设置每个粒子周期变化的百分比。

相位：用于设置粒子在波浪曲线上最初的位置。

变化：用于设置每个粒子相位变化的百分比。

"加载 / 保存预设"卷展栏如图 11-71 所示。

下面是系统提供的几种预置参数。

"Bubbles"（泡沫）、"Comet"（彗星）、"Fill"（填充）、"Geyser"（间歇喷泉）、"Shell Trail"（热水锅炉）、"Shimmer Trail"（弹片拖尾）、"Blast"（爆炸）、"Disintigrate"（裂解）、"Pottery"（陶器）、"Stable"

图 11-70

图 11-71

（稳定的）、"Default"（默认）。

在本粒子系统中没有介绍到的参数，可以参见其他粒子系统的参数介绍，功能大都相似。

11.6.7　粒子云

如果希望使用粒子云填充特定的体积，可以使用"粒子云"粒子系统。"粒子云"粒子系统可以创建一群鸟、一片星空或一队在地面行军的士兵。

具体参数可以参考前面粒子系统的参数介绍。

11.7　力空间扭曲

力空间扭曲是使其他对象变形的力场，可以模拟自然界的各种动力效果，使物体的运动规律与现实更加接近，产生诸如重力、风力、爆发力、干扰力等作用效果。力空间扭曲对象是一类在场景中影响其他物体的不可渲染的对象，它们能够创建力场使其他对象发生变形，可以创建涟漪、波浪、强风等效果。力空间扭曲是使用 3ds Max 为物体制作特殊效果动画的一种方式，可以将其想象为一个作用区域，它对区域内的对象产生影响，对象移动所产生的作用也发生变化，区域外的其他物体则不受影响。图 11-72 所示为被力空间扭曲变形的表面。

图 11-72

11.7.1　课堂案例——制作烟雾动画

【案例学习目标】掌握使用粒子系统模拟烟雾效果的方法。

【案例知识要点】创建超级喷射粒子，并设置一个合适的材质来完成烟雾动画的制作，效果如图 11-73 所示。

【素材文件位置】云盘 / 贴图。

【模型文件所在位置】云盘 / 场景 /Ch11/ 烟雾 .max。

【原始模型文件所在位置】云盘 / 场景 /Ch11/ 烟雾 ok.max。

制作烟雾
动画

图 11-73

（1）选择"文件 > 打开"命令，打开云盘中的"场景 > Ch11 > 烟雾ok.max"文件，如图11-74所示。

（2）单击"➕（创建）> ⬤（几何体）> 粒子系统 > 超级喷射"按钮，在"顶"视图中创建超级喷射粒子，如图11-75所示。

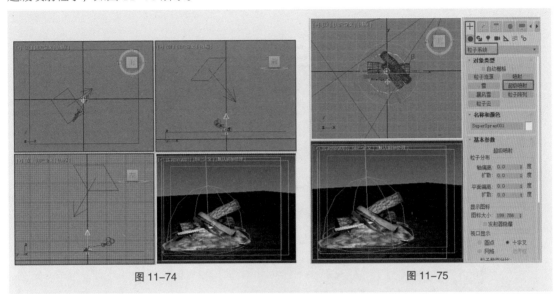

图11-74　　　　　　　　　　图11-75

（3）切换到 （修改）命令面板，在"基本参数"卷展栏中设置"轴偏离"为4、"扩散"为20、"平面偏离"为127、"扩散"为180，在"视口显示"选项组中选择"网格"单选项，设置"粒子数百分比"为100；在"粒子生成"卷展栏中选择"使用速率"单选项，设置参数为1，设置"粒子运动"的"速度"为10、"变化"为0，设置"发射开始"为-50、"发射停止"为100、"显示时限"为100、"寿命"为100、"变化"为0，设置"粒子大小"选项组中的"大小"为60、"变化"为0、"增长耗时"为10、"衰减耗时"为10；在"粒子类型"卷展栏中选择"粒子类型"为"标准粒子"，选择"标准粒子"类型为"面"，如图11-76所示。

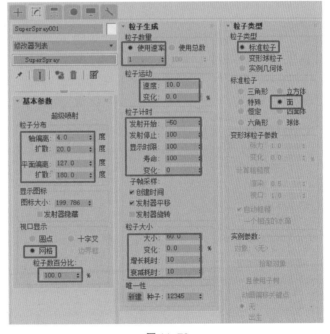

图11-76

（4）打开"材质编辑器"面板，选择一个新的材质样本球，在"贴图"卷展栏中为"漫反射颜色"指定"粒子年龄"贴图；将"粒子年龄"贴图拖曳到"自发光"后的贴图按钮上，在弹出的对话框中选择"实例"选项；为"不透明度"指定"衰减"贴图，如图11-77所示。

（5）进入"漫反射颜色"的贴图层级，在"粒子年龄参数"卷展栏中设置"颜色#1"的"红""绿""蓝"为 176、12、0，设置"颜色#2"的"红""绿""蓝"为 86、55、30，设置"颜色#3"的"红""绿""蓝"为 67、61、55，如图 11-78 所示。

（6）进入"不透明度"贴图层级，在"衰减参数"卷展栏中选择"衰减类型"为"Fresnel"，如图 11-79 所示。

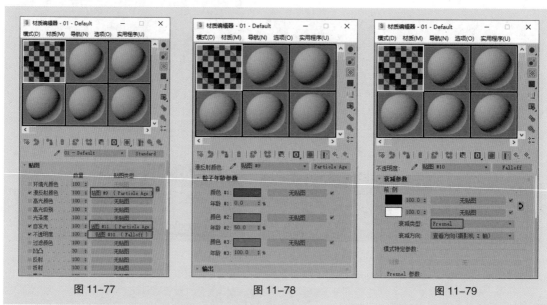

图 11-77   图 11-78   图 11-79

（7）单击"＋（创建）> ≋（空间扭曲）> 力 > 风"按钮，在场景中创建风空间扭曲，调整空间扭曲的角度和位置，切换到 （修改）命令面板，设置"强度"为 0.38，如图 11-80 所示。

（8）在工具栏中单击 ≋（绑定到空间扭曲）按钮，在场景中将粒子系统绑定到风空间扭曲上，如图 11-81 所示。

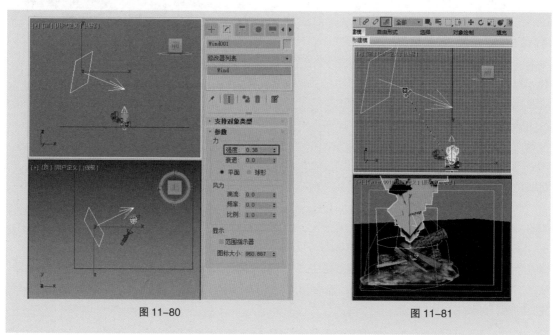

图 11-80   图 11-81

（9）调整风空间扭曲的角度，直到实现烟雾飘动的效果，如图 11-82 所示。最后，对场景动画进行播放和渲染。烟雾动画效果制作完成。

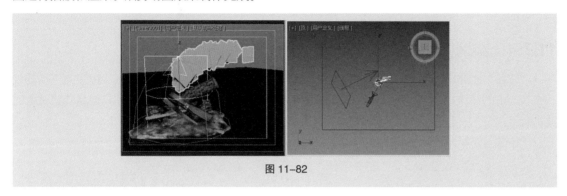

图 11-82

11.7.2 重力

"重力"空间扭曲可以在粒子系统所产生的粒子上进行自然重力效果的模拟。重力具有方向性，沿重力箭头方向运动的粒子呈加速状，逆着重力箭头方向运动的粒子呈减速状。

"参数"卷展栏（见图 11-83）中参数的介绍如下。

强度：增大值会增加重力的效果，即对象的移动与重力图标的方向箭头的相关程度。

衰退：值为 0.0 时，"重力"空间扭曲用相同的强度贯穿于整个世界空间。增大值会导致重力强度从重力扭曲对象的所在位置开始随距离的增加而减弱。

平面：选择该单选项，重力效果将垂直于贯穿场景的重力扭曲对象所在的平面。

图 11-83

球形：选择该单选项，重力效果为球形，以重力扭曲对象为中心。使用该参数能够有效创建喷泉或行星效果。

11.7.3 风

"风"空间扭曲可以模拟风吹动粒子系统所产生的粒子效果。风力具有方向性，顺着风力箭头方向运动的粒子呈加速状，逆着风力箭头方向运动的粒子呈减速状。

"参数"卷展栏（见图 11-84）中参数的介绍如下。

强度：增大值会增加风力效果。值小于 0.0 会产生吸力，它会排斥向相同方向运动的粒子，而吸引向相反方向运动的粒子。

衰退：值为 0.0 时，风力扭曲在整个世界空间内有相同的强度。增大值会导致风力强度从风力扭曲对象的所在位置开始，随距离的增加而减弱。

平面：选择该单选项，风力效果将垂直于贯穿场景的风力扭曲对象所在的平面。

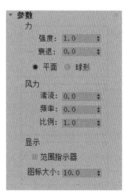

图 11-84

球形：选择该单选项，风力效果为球形，以风力扭曲对象为中心。

湍流：使粒子在被风吹动时随机改变路线。该值越大，湍流效果越明显。

频率：值大于 0.0 时，会使湍流效果随时间呈周期性变化。这种微妙的效果可能无法看见，除非绑定的粒子系统生成大量粒子。

比例：缩放湍流效果。值较小时，湍流效果会更平滑，更规则；值较大时，湍流效果会变得不规则、混乱。

11.7.4　漩涡

"漩涡"空间扭曲将力应用于粒子系统，使粒子在急转的漩涡中旋转，然后让粒子向下移动成一个长而窄的喷流或者漩涡井。"漩涡"空间扭曲在创建黑洞、涡流、龙卷风和其他漏斗状对象时非常有用。图 11-85 所示为使用漩涡制作的扭曲粒子。

"参数"卷展栏（见图 11-86）中参数的介绍如下。

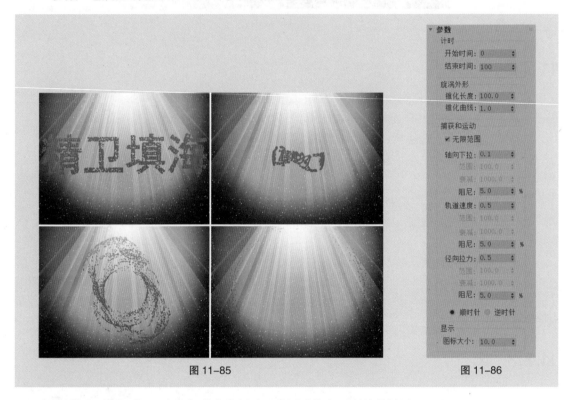

图 11-85　　　　　　　　　　　　　　　　　　图 11-86

开始时间、结束时间：空间扭曲变为活动及非活动状态时所处的帧号。

锥化长度：控制漩涡的长度及其外形。

锥化曲线：控制漩涡的外形。值较小时，创建的漩涡口宽而大；值较大时，创建的漩涡的边几乎呈垂直状。

无限范围：勾选该复选框后，漩涡会在无限范围内添加全部阻尼强度。取消勾选该复选框后，"范围"和"衰减"设置生效。

轴向下拉：指定粒子沿下拉轴方向移动的速度。

范围：以系统单位数表示的距漩涡图标中心的距离，该距离内的轴向阻尼为全效阻尼。仅在取消勾选"无限范围"复选框时生效。

衰减：指定在轴向范围外应用轴向阻尼的距离。轴向阻尼在距离为"范围"处的强度最大，在轴向衰减界限处线性地降至最低，在超出的部分没有任何效果。

阻尼：用于控制平行于下落轴的粒子运动每帧受抑制的程度，默认值为 5.0，取值范围为 0 ~ 100。

轨道速度：指定粒子旋转的速度。

范围：以系统单位数表示的距漩涡图标中心的距离，该距离内的轴向阻尼为全效阻尼。

衰减：指定在轨道范围外应用轨道阻尼的距离。

阻尼：用于控制轨道粒子运动每帧受抑制的程度。较小的数值产生的螺旋较宽，而较大的数值产生的螺旋较窄。

径向拉力：指定粒子旋转与下落轴的距离。

范围：以系统单位数表示的距漩涡图标中心的距离，该距离内的轴向阻尼为全效阻尼。

衰减：指定在径向范围外应用径向阻尼的距离。

阻尼：用于控制径向拉力每帧受抑制的程度，取值范围为 0 ～ 100。

顺时针、逆时针：决定粒子是顺时针旋转还是逆时针旋转。

11.8 几何 / 可变形空间扭曲

单击"➕（创建）> ≋（空间扭曲）"按钮，在空间扭曲类型中选择"几何 / 可变形"类型，即可列出所有的几何 / 可变形空间扭曲。

11.8.1 波浪

"波浪"空间扭曲可以在整个世界空间中创建线性波浪。它影响几何体和产生作用的方式与"波浪"修改器相同。

选择一个需要设置波浪效果的模型，选择≋（绑定到空间扭曲）工具，将模型链接到"波浪"空间扭曲上，图 11-87 所示为"波浪"空间扭曲的"参数"卷展栏。

振幅 1：设置沿波浪扭曲对象的局部 x 轴的波浪振幅。

振幅 2：设置沿波浪扭曲对象的局部 x 轴的波浪振幅。振幅用单位数表示。该波浪是一个沿其 y 轴为正弦、沿其 x 轴为抛物线的波浪。

认识振幅之间区别的另一种方法是，振幅 1 位于为波浪 Gizmo 的中心，而振幅 2 位于 Gizmo 的边缘。

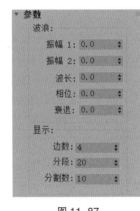

图 11-87

波长：以活动单位数设置每个波浪沿其局部 y 轴的长度。

相位：从其在波浪对象中央的原点开始偏移波浪的相位。整数值无效，仅小数值有效。

衰退：当其设置为 0.0 时，波浪在整个世界空间中有相同的一个或多个振幅。增大值会导致振幅从波浪扭曲对象的所在位置开始随距离的增加而减弱。默认值是 0.0。

边数：设置沿波浪对象的局部 x 维度的边分段数。

分段：设置沿波浪对象的局部 y 维度的分段数目。

分割数：在不改变波浪效果的情况下调整波浪图标的大小。

11.8.2 置换

"置换"空间扭曲以力场的形式推动和重塑对象的几何外形。"置换"空间扭曲对几何体（可变形对象）和粒子系统都会产生影响，如图 11-88 所示。

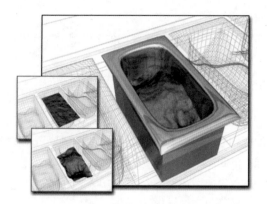

图 11-88

图 11-89

"参数"卷展栏（如图 11-89 所示）中参数的介绍如下。

强度：设置为 0.0 时，置换扭曲没有任何效果。值大于 0.0 时，会使对象几何体或粒子按偏离"置换"空间扭曲对象所在位置的方向发生置换；值小于 0.0 时，会使几何体向扭曲置换。

衰退：默认情况下，置换扭曲在整个世界空间内有相同的强度。增大值会导致置换强度从置换扭曲对象的所在位置开始，随距离的增加而减弱。

亮度中心：默认情况下，"置换"空间扭曲通过使用中等（50%）灰色作为 0 置换值来定义亮度中心。大于 128 的灰色值以向外的方向（背离置换扭曲对象）进行置换，而小于 128 的灰色值以向内的方向（朝向置换扭曲对象）进行置换。

中心：可以调整默认值。

图像：选择用于置换的位图和贴图。

位图：单击"无"按钮，在对话框中指定位图或贴图。选择完位图或贴图后，该按钮会显示出位图或贴图的名称。

模糊：增大该值可以模糊或柔化位图置换的效果。

贴图：该选项组包含位图置换扭曲的贴图参数，与那些用于贴图材质的选项类似。4 种贴图模式控制着置换扭曲对象对其置换进行投影的方式。扭曲对象的方向控制着场景中在绑定对象上出现置换效果的位置。

平面：选择该单选项，可从单独的平面对贴图进行投影。

柱形：选择该单选项，可如同环绕在圆柱体上那样对贴图进行投影。

球形：选择该单选项，可从球体出发对贴图进行投影，球体的顶部和底部，即位图边缘在球体两极的交汇处均为极点。

收缩包裹：选择该单选项，可截去贴图的各个角，然后在一个单独的极点将它们全部结合在一起，创建一个极点。

长度、宽度、高度：指定空间扭曲 Gizmo 的边界框尺寸。高度对平面贴图没有任何影响。

U 向平铺、V 向平铺、W 向平铺：位图沿指定尺寸重复的次数。

11.8.3 爆炸

"爆炸"空间扭曲能把对象炸成许多单独的面。

例如，在场景中创建球体，并创建"爆炸"空间扭曲，将球体绑定到"爆炸"空间扭曲上，拖曳时间滑块即可看到爆炸效果，如图 11-90 所示。可通过设置爆炸的参数来改变爆炸效果，图 11-91 所示为"爆炸参数"卷展栏。

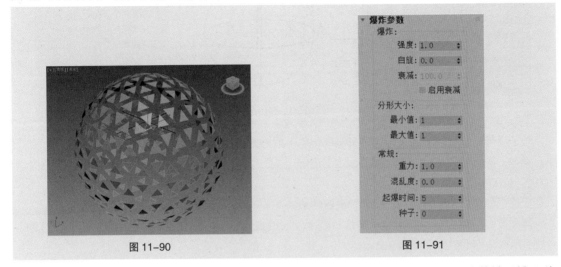

图 11-90   图 11-91

强度：用于设置爆炸力。较大的数值能使粒子飞得更远。对象离爆炸点越近，爆炸的效果越强烈。

自旋：碎片旋转的速率，以每秒转数表示。这也会受"混乱度"参数（使不同的碎片以不同的速度旋转）和"衰减"参数（使碎片离爆炸点越远时爆炸效果越弱）的影响。

衰减：爆炸效果距爆炸点的距离，以世界单位数表示。超过该距离的碎片不受"强度"和"自旋"参数的影响，但会受"重力"参数的影响。

最小值：指定由"爆炸"随机生成的每个碎片的最小面数。

最大值：指定由"爆炸"随机生成的每个碎片的最大面数。

重力：指定由重力产生的加速度。注意重力的方向总是"世界"坐标系 z 轴方向。"重力"可以为负值。

混乱度：增加爆炸的随机变化，使其不太均匀。值 0.0 时为完全均匀，值为 1.0 时具有真实感，值大于 1.0 时会使爆炸效果特别混乱。取值范围为 0.0 ~ 10.0。

起爆时间：指定爆炸开始的帧。在该时间之前绑定对象不受影响。

种子：更改该设置可以改变爆炸中随机生成的数目。在保持其他设置不变的同时更改"种子"可以实现不同的爆炸效果。

11.9 导向器空间扭曲

导向器空间扭曲用于为粒子导向或影响动力学系统。单击"＋（创建）> ▓▓（空间扭曲）> 导向器"，从中选择导向器类型，如图 11-92 所示。

11.9.1 导向球

"导向球"空间扭曲起着球形粒子导向器的作用，如图 11-93 所示。

"基本参数"卷展栏（见图 11-94）中参数的介绍如下。

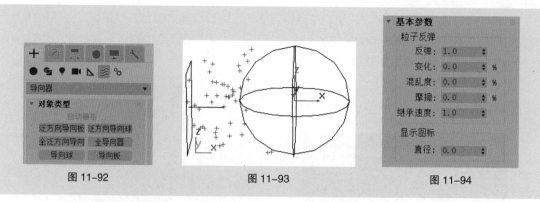

| 图 11-92 | 图 11-93 | 图 11-94 |

粒子反弹：该选项组决定导向器影响绑定粒子的方式。

反弹：决定粒子从导向器反弹的速度。该值为 1.0 时，粒子以与接近时相同的速度反弹；该值为 0.0 时，粒子不会反弹。

变化：每个粒子所能偏离"反弹"设置的量。

混乱度：偏离完全反射角度（当将"混乱度"设置为 0.0 时的角度）的变化量。值为 100 时，会导致反射角度的最大变化为 90°。

摩擦：粒子沿导向器表面移动时减慢的量。值为 0.0 时，表示粒子不会减慢。

继承速度：当该值大于 0.0 时，导向器的运动会和其他设置一样对粒子产生影响。例如，要设置导向球穿过被动的粒子阵列的动画，请加大该值以影响粒子。

显示图标：该选项组影响图标的显示。

直径：指定导向球图标的直径。该设置会改变导向效果，因为粒子会从图标的边界上反弹。图标的缩放也会影响粒子。

11.9.2　全导向器

"全导向器"空间扭曲能让用户使用任意对象作为粒子导向器。

"基本参数"卷展栏（见图 11-95）中参数的介绍如下。

基于对象的导向器：指定要用作导向器的对象。

拾取对象：单击该按钮，然后单击要用作导向器的任何可渲染网格对象。

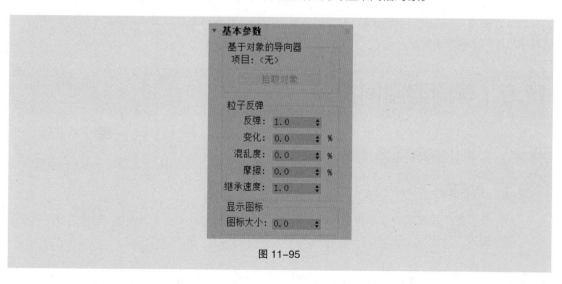

图 11-95

11.10 课堂练习——制作掉落的枫叶动画

【练习知识要点】设置一个环境背景，创建平面作为枫叶，并创建样条线作为枫叶的运动路径，制作出掉落的枫叶动画，效果如图 11-96 所示。

【素材文件位置】云盘 / 贴图。

【效果文件所在位置】云盘 / 场景 /Ch11/ 掉落的枫叶 .max。

制作掉落的
枫叶动画

图 11-96

11.11 课后习题——制作下雪动画

【习题知识要点】创建雪粒子并修改参数，制作出下雪动画，效果如图 11-97 所示。

【素材文件位置】云盘 / 贴图。

【效果文件所在位置】云盘 / 场景 /Ch11/ 下雪 ok.max。

制作下雪
动画

图 11-97

第 12 章

综合设计实训

▶ 本章介绍

本章的实训案例都来自于常见的商业应用领域，是对前面所学知识的综合运用。通过本章的学习，读者可以更灵活地使用 3ds Max 中的各种命令和工具，为独立完成商业设计项目积累经验。

知识目标

第 12 章简介

- 理解商业案例的项目背景及要求
- 掌握商业案例的制作要点

能力目标

- 掌握平铺地砖效果图的制作方法
- 掌握会议室效果图的制作方法
- 掌握书房效果图的制作方法
- 掌握房子漫游动画的制作方法

素养目标

- 培养学生的商业设计思维
- 培养学生学以致用的能力
- 培养学生综合分析问题、解决问题的能力

12.1 课堂案例——制作平铺地砖效果图

12.1.1 【项目背景及要求】

1. 客户名称

旺盛室内设计有限公司。

2. 客户需求

本项目是制作平铺地砖效果图，要求根据客户提供的地砖贴图渲染出一张与其相符合的效果图。

3. 设计要求

（1）整体设计风格简约、现代。

（2）环境通透、明亮。

（3）必须是彩色原稿，能以不同的尺寸清晰显示。

12.1.2 【项目创意及制作】

1. 素材资源

贴图所在位置：云盘 / 贴图。

2. 作品参考

场景所在位置：云盘 / 场景 /Ch12/ 平铺地砖 ok.max。最终效果如图 12-1 所示。

3. 制作要点

◎ 选择场景

选择一个比较合适的场景来搭配地砖，如图 12-2 所示。

图 12-1

图 12-2

◎ 视口角度

由于主要表现地面效果，所以需要较多地展示地面部分。

◎ 材质的设置

根据提供的贴图进行材质的设置，这里是一款灰砖贴图，可以适当地调整材质的反射效果。

◎ 测试渲染

调整好场景和材质后测试渲染场景，可以参考前面章节中的介绍。

◎ 调整视口和灯光

为场景创建较为明亮的灯光，可以参考最终场景中的灯光参数。

◎ 最终渲染

最终渲染设置可以参考前面章节中的介绍。

12.2 课堂案例——制作会议室效果图

12.2.1 【项目背景及要求】

1. 客户名称

潜龙室内效果图设计公司。

2. 客户需求

本项目需要设计会议室效果图，要求在设计效果图时体现出办公场所的精练风格。

3. 设计要求

（1）设计风格大气，凸显会议室的严肃、正式氛围。

（2）在材质使用上不要太跳跃，尽量使用木纹和石材材质，效果庄重。

（3）效果图尺寸不限，要求必须是原稿。

12.2.2 【项目创意及制作】

1. 素材资源

贴图所在位置：云盘 / 贴图。

制作会议室
效果图

2. 作品参考

场景所在位置：云盘 / 场景 /Ch12/ 会议室 .max。最终效果如图 12-3 所示。

图 12-3

3. 制作要点

模型的制作：在创建场景模型前，需先将平面图纸整理出来，将图纸写块，便于导入 3ds Max 中；然后进行框架、吊顶、造型模型的创建。

材质的设置：为场景设置乳胶漆、木纹、铝塑、金属等材质。

摄影机和灯光：在合适的位置创建摄影机，创建 VRay 灯光照亮场景。

渲染设置：设置合适的渲染尺寸和参数，渲染出场景的效果。

12.3 课堂案例——制作书房效果图

12.3.1 【项目背景及要求】

1. 客户名称
旺盛室内设计有限公司。

2. 客户需求
本项目是制作书房效果图，要求体现出书房典雅、安静的氛围，可以在书房中添加书柜等家具，使书房看起来更加雅致。

制作书房效果图 1　制作书房效果图 2　制作书房效果图 3

制作书房效果图 4　制作书房效果图 5

3. 设计要求
（1）风格典雅、大气。

（2）装饰品的造型简约、和谐。

（3）必须是彩色原稿，能以不同的尺寸清晰显示。

12.3.2 【项目创意及制作】

1. 素材资源
贴图所在位置：云盘 / 贴图。

2. 作品参考
场景所在位置：云盘 / 场景 /Ch12/ 书房 ok.max。最终效果如图 12-4 所示。

3. 制作要点
◎ 创建模型

（1）导入云盘中的"场景 > Ch12 > 书房图纸 .dwg"文件。

（2）根据图纸绘制出墙体图形，并为其添加"挤出"修改器，设置合适的挤出参数和分段。

（3）为模型添加"编辑多边形"修改器，调整顶点，调整出窗洞和门洞。

（4）使用"编辑多边形"修改器的"挤出"设置窗洞和门洞的多边形，并将挤出的多边形删除。

（5）创建合适大小的矩形作为窗框，为矩形添加"编辑样条线"修改器，设置样条线的"轮廓"，并为其添加"挤出"修改器，设置合适的参数，效果如图 12-5 所示。

图 12-4

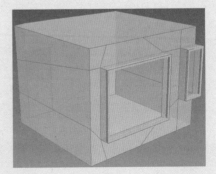

图 12-5

（6）创建图形，并添加"挤出"修改器，设置合适的挤出数量，作为顶。

（7）创建矩形，设置矩形的"编辑样条线 > 轮廓"，并为其添加"挤出"修改器，作为空调口边框。

（8）创建合适的长方体，作为空调扇叶和空调口的隔断，效果如图 12-6 所示。

（9）在墙体的一侧创建矩形，并在矩形中创建圆角矩形，为其中一个矩形添加"编辑样条线"，修改器将两个图形附加在一起。

（10）复制圆角矩形的样条线，并修剪图形，设置顶点的"焊接"，并为图形添加"挤出"修改器，挤出书架边框模型。

（11）为挤出的模型添加"编辑多边形"修改器，设置边的"切角"，使其边缘变得圆滑，使用同样的方法创建墙体其他的书架，效果如图 12-7 所示。

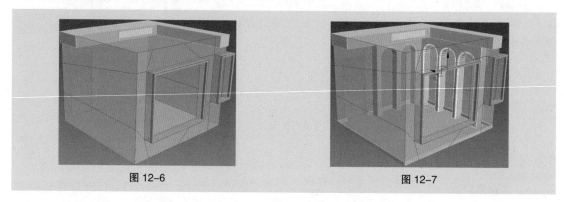

图 12-6   图 12-7

（12）在创建书架的圆角矩形底端创建长方体，设置合适的参数和分段作为书架的柜子。

（13）为创建的长方体添加"编辑多边形"修改器，调整顶点的位置，调整出柜门的形态。

（14）通过对调整顶点后的多边形设置"挤出"和"倒角"，完成柜子的模型的效果，继续创建长方体作为书柜隔断，效果如图 12-8 所示。

◎ 设置材质

（1）选择创建的墙体框架，设置材质 ID。

（2）为墙体框架设置多维 / 子对象材质，为地面设置木纹材质，为墙体设置贴纸材质，为顶面设置白色乳胶漆材质。

（3）为书架设置木纹材质。

（4）为空调隔断指定白色乳胶漆材质。

◎ 合并场景

将家具素材合并到场景中，如图 12-9 所示。

◎ 测试渲染

测试渲染场景可以参考前面章节中的介绍。

◎ 创建灯光

（1）在"顶"视图中创建 VRay 太阳，并在其他视图中调整灯光的位置和角度。

（2）为环境背景指定"VRay_ 天空"贴图，并将指定的贴图拖曳到材质样本球上，设置合适的参数。

（3）在窗户的位置创建 VRay 灯光中的平面灯光，设置"倍增"为 6，设置灯光的颜色为浅蓝色，在"选项"卷展栏中勾选"不可见"复选框。

◎ 最终渲染

最终渲染设置可以参考前面章节中的介绍。

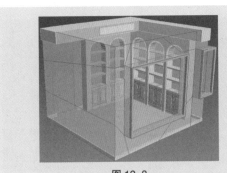
图 12-8

图 12-9

12.4 课堂案例——制作房子漫游动画

12.4.1 【项目背景及要求】

1. 客户名称

彼岸工作室。

2. 客户需求

本项目是制作房子漫游动画，要求在客户提供的场景文件的基础上制作镜头由房子的前面运动到后面的漫游动画效果，使客户可以看到房子的外观结构，最后渲染输出。

3. 设计要求

（1）漫游镜头由房子的前面运动到后面。

（2）必须是彩色原稿。

12.4.2 【项目创意及制作】

1. 素材资源

贴图所在位置：云盘 / 贴图。

2. 作品参考

场景所在位置：云盘 / 场景 /Ch12/ 房子 .max。最终效果如图 12-10 所示。

制作房子
漫游动画

图 12-10

3. 制作要点

（1）打开场景文件，如图 12-11 所示，在场景中创建三个摄影机。选择并以实例的方式复制图 12-12 所示的摄影机。

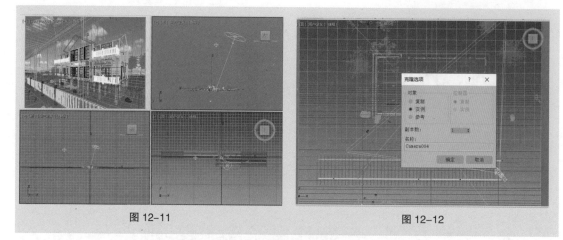

图 12-11　　　　　　　　　　　　　　　　　图 12-12

（2）激活"自动关键点"按钮，拖曳时间滑块到第 0 帧，在"顶"视图中调整摄影机的角度，如图 12-13 所示。拖曳时间滑块到第 50 帧，在"顶"视图中调整摄影机镜头，如图 12-14 所示。

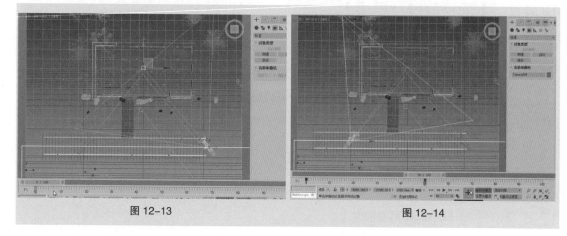

图 12-13　　　　　　　　　　　　　　　　　图 12-14

（3）拖曳时间滑块到第 100 帧，在"顶"视图中调整摄影机镜头，如图 12-15 所示。

（4）确定复制出的摄影机处于选中状态，按 C 键，将视口转换为摄影机视图，播放动画，观察动画的效果，如图 12-16 所示。如果动画播放速度过快，可以调整动画的结束时间，并调整关键点的位置。最后对场景动画进行渲染输出。

图 12-15　　　　　　　　　　　　　　　　　图 12-16

12.5 课堂练习——制作客餐厅效果图

12.5.1 【项目背景及要求】

1. 客户名称

潜龙室内效果图设计公司。

2. 客户需求

本项目需要设计客餐厅效果图，要求在设计效果图时体现温馨、舒适的氛围。

3. 设计要求

（1）设计风格为欧式风格。

（2）色调温暖，体现家的温馨。

（3）必须是彩色原稿。

12.5.2 【项目创意及制作】

制作客餐厅
效果图 1 效果图 2

1. 素材资源

贴图所在位置：云盘 / 贴图。

2. 作品参考

场景所在位置：云盘 / 场景 /Ch12/ 客餐厅 .max。最终效果如图 12-17 所示。

3. 制作要点

创建基本图形和几何体，结合使用学过的常用工具来制作该客餐厅效果图。从基础的场景建模开始，再慢慢深入材质、摄影机、灯光，到最终的软装色调的搭配，完成家装制图的流程。

图 12-17

12.6 课后习题——制作亭子模型

12.6.1 【项目背景及要求】

1. 客户名称

彼岸工作室。

2. 客户需求

本项目是制作具有中式风格的亭子模型，可以根据个人想法设计。

3. 设计要求

（1）设计风格为中式风格。

（2）周围以绿植点缀，使观者愉悦。

（3）必须是彩色原稿。

12.6.2 【项目创意及制作】

1. 素材资源

贴图所在位置：云盘 / 贴图。

2. 作品参考

场景所在位置：云盘 / 场景 /Ch12/ 亭子 .max。最终效果如图 12-18 所示。

制作亭子模型 1　　制作亭子模型 2

图 12-18

3. 制作要点

创建基本图形和几何体，结合使用各种学过的常用工具来制作该亭子模型。该模型虽然看起来复杂，但拆分后可以发现它是由一些简单的几何体编辑、组合而成，最后导入相关素材，设置合适的材质和灯光完成该模型。

3ds Max 核心应用案例教程（全彩慕课版）（3ds Max 2020）